MINISTÈRE DES TRAVAUX PUBLICS

ÉTUDES
DES
GÎTES MINÉRAUX
DE LA FRANCE

PUBLIÉES SOUS LES AUSPICES DE M. LE MINISTRE DES TRAVAUX PUBLICS
PAR LE SERVICE DES TOPOGRAPHIES SOUTERRAINES

BASSIN HOUILLER ET PERMIEN
D'AUTUN ET D'ÉPINAC

FASCICULE IV

FLORE FOSSILE

DEUXIÈME PARTIE

PAR

B. RENAULT
LAURÉAT DE L'INSTITUT, ASSISTANT AU MUSÉUM D'HISTOIRE NATURELLE

ATLAS

PARIS
IMPRIMERIE NATIONALE

M DCCC XCIII

BASSIN HOUILLER ET PERMIEN
D'AUTUN ET D'ÉPINAC

MINISTÈRE DES TRAVAUX PUBLICS

ÉTUDES
DES
GÎTES MINÉRAUX
DE LA FRANCE

PUBLIÉES SOUS LES AUSPICES DE M. LE MINISTRE DES TRAVAUX PUBLICS
PAR LE SERVICE DES TOPOGRAPHIES SOUTERRAINES

BASSIN HOUILLER ET PERMIEN
D'AUTUN ET D'ÉPINAC

FASCICULE IV

FLORE FOSSILE

DEUXIÈME PARTIE

PAR

B. RENAULT
LAURÉAT DE L'INSTITUT, ASSISTANT AU MUSÉUM D'HISTOIRE NATURELLE

ATLAS

PARIS
IMPRIMERIE NATIONALE

M DCCC XCIII

PLANCHE XXVIII.

IMPRIMERIE NATIONALE.

PLANCHE XXVIII.

EXPLICATION DES FIGURES.

Fig. 1. — **Annularia stellata.** Schlotheim (sp.), var. — Puits du Poizot.

Fig. 2. — **Annularia sphenophylloides.** Zenker (sp.), var. — Igornay.

Fig. 3. — Fructification d'*Annularia stellata* : *br*, bractées stériles; *sp*, sporangiophores et sporanges. — Igornay.

Fig. 4. — Épi silicifié d'*Annularia stellata* : *br*, bractées stériles; *sp*, sporangiophores et sporanges. — Champ des Borgis, Nord-Est d'Autun.

Fig. 5. — Section transversale d'un rameau d'*Annularia stellata* silicifié, passant par un verticille de feuilles stériles. — Champ des Borgis.

Fig. 6. — Portion de la coupe précédente plus grossie; on distingue deux lacunes en face de deux feuilles du verticille, et entre elles une autre plus petite en voie d'extinction appartenant à l'entre-nœud inférieur.

Fig. 7. — Coupe longitudinale appartenant au même rameau et intéressant deux verticilles; la moelle est en grande partie détruite.

Fig. 8. — Portion plus grossie du même, montrant une portion du cylindre ligneux composé de trachéides rayées, et de tissu cellulaire interposé.

Fig. 9. — Portion de la moelle formée de cellules rectangulaires plus hautes que larges.

Fig. 10. — Coupe transversale d'un épi silicifié des mêmes gisements : *sp*, sporanges; *b*, bractée stérile.

Fig. 11. — Coupe tangentielle du même : *sp*, sporanges disposés par quatre autour du sporangiophore.

Fig. 12. — Bractée stérile coupée transversalement, montrant sa bande vasculaire interne bicentre : *g*, liber entouré d'une gaine.

Fig. 13. — Microspores encore incluses ou s'échappant de leurs cellules mères à parois minces.

Fig. 14. — Macrospores avec leurs lignes de déhiscence tri-radiées.

Fig. 15. — Corps ovoïdes accompagnant les macrospores, représentant peut-être des macrospores avortées.

PL.XXVIII

Dessiné d'ap.nat.et lith.par Jacquemin

Imp. Lemercier &Cie Paris

PLANCHE XXIX.

PLANCHE XXIX.

EXPLICATION DES FIGURES.

Fig. 1. — Coupe longitudinale d'un épi d'Astérophyllite : *br*, bractées stériles; *sp*, sporanges fixés à leur sporangiophore inséré entre deux bractées stériles, un peu au-dessus. — Champ des Borgis, Autun.

Fig. 2. — Coupe transversale passant par un verticille fertile : *a*, axe avec ses lacunes aériennes; *sp*, verticille de sporanges; *br*, *b'r'*, verticilles de bractées stériles successifs rencontrés par la section.

Fig. 3. — Portion du même, plus grossie : *m*, moelle; *sp*, sporange; *br*, bractées stériles.

Fig. 4. — Portion de la Figure 1, plus grossie : *a*, partie extérieure de l'axe; *p*, pédicelle du sporangiophore; *sp*, sporanges renfermant des spores; *br*, bractée stérile.

Fig. 5. — Coupe tangentielle passant par deux verticilles : *br*, *br*, verticilles de bractées stériles; *sp*, *sp*, verticilles de sporanges fixés par quatre à l'extrémité des sporangiophores.

Fig. 6. — Section verticale un peu oblique d'un épi d'Astérophyllite montrant trois verticilles stériles et des sporanges dont les spores sont en partie libres dans l'intervalle. — Champ des Borgis.

Fig. 7. — Portion du même, plus grossie, représentant deux sporanges contigus, l'un renfermant des macrospores *ma*, et l'autre des microspores *mi* avec des débris de leur cellule mère.

Fig. 8. — Coupe transversale d'un épi de *Macrostachya* : *a*, portion du cylindre ligneux; *br*, bractées; *p*, corps reproducteurs. — Champ des Espargeolles, Autun.

Fig. 9. — Coupe longitudinale tangentielle du même : *sp*, sporanges ou sacs polliniques.

Fig. 10. — Section transversale, montrant les bractées soudées en plancher continu.

Fig. 11. — Portion transversale d'un coin ligneux : *l*, *l*, lacunes.

Fig. 12. — Coupe tangentielle montrant les sacs placés sur les verticilles de bractées.

Fig. 13. — Deux sacs renfermant les corps reproducteurs.

Fig. 14. — Corps reproducteurs : *a*, enveloppe plissée sans trace de lignes de déhiscence.

PL. XXIX.

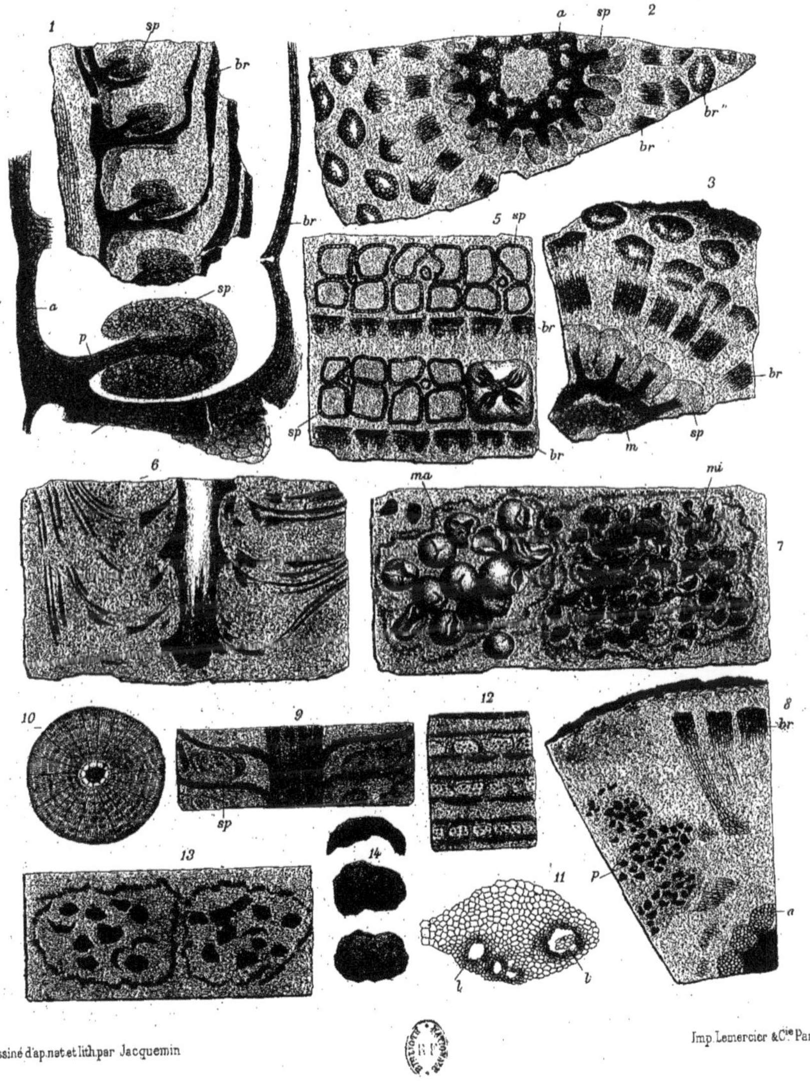

Dessiné d'ap. nat. et lith. par Jacquemin

Imp. Lemercier & Cie Paris

PLANCHE XXX.

PLANCHE XXX.

EXPLICATION DES FIGURES.

Fig. 1. — Portion d'épi d'Astérophyllite montrant les verticilles stériles et les sporangiophores insérés un peu au-dessus des bractées de ces verticilles.

Fig. 2. — Coupe longitudinale d'un rameau d'Astérophyllite passant par une articulation portant encore des feuilles. En dehors du cylindre ligneux, vu en coupe tangentielle, se trouve la couche de liber où l'on remarque un nombre assez considérable de groupes de cellules grillagées.

Fig. 3. — Coupe transversale un peu oblique du même échantillon.

Fig. 4. — Échantillon silicifié poli, montrant deux épis coupés longitudinalement et encore munis de leurs sporanges. — Environs de Muse.

Fig. 5. — Coupe transversale d'une portion de tige d'*Archæopteris esnostensis*, B. R. Le faisceau vasculaire central a la forme d'un E, la branche inférieure est amoindrie par le départ d'un faisceau se rendant dans un appendice.

Fig. 6. — Section d'un faisceau se rendant à un appendice encore inclus dans le tissu de la tige précédente.

Fig. 7 et 8. — Sections d'appendices (racines) appartenant à l'*Archæopteris esnostensis*. Le faisceau vasculaire est en arc, comme cela arrive dans beaucoup de Lycopodiacées. — Esnost.

Fig. 9. — **Botryopteris Rigolloti**. B. Renault. — Coupe transversale de la partie centrale d'une tige; dans l'axe se trouve un cylindre vasculaire plein *a*, entouré d'une couche libérienne continue; l'écorce *b* est parcourue par des cordons vasculaires *c* se rendant dans les frondes; *d*, pétioles entourant la tige.
Communaux de Saint-Martin.

Fig. 10. — Vue d'ensemble de la tige du *Botryopteris Rigolloti* coupée transversalement.

Fig. 11. — Sporange isolé, avec anneau disposé suivant le plan principal du sporange et passant par son point d'attache. — Gisements d'Esnost.

PL. XXX.

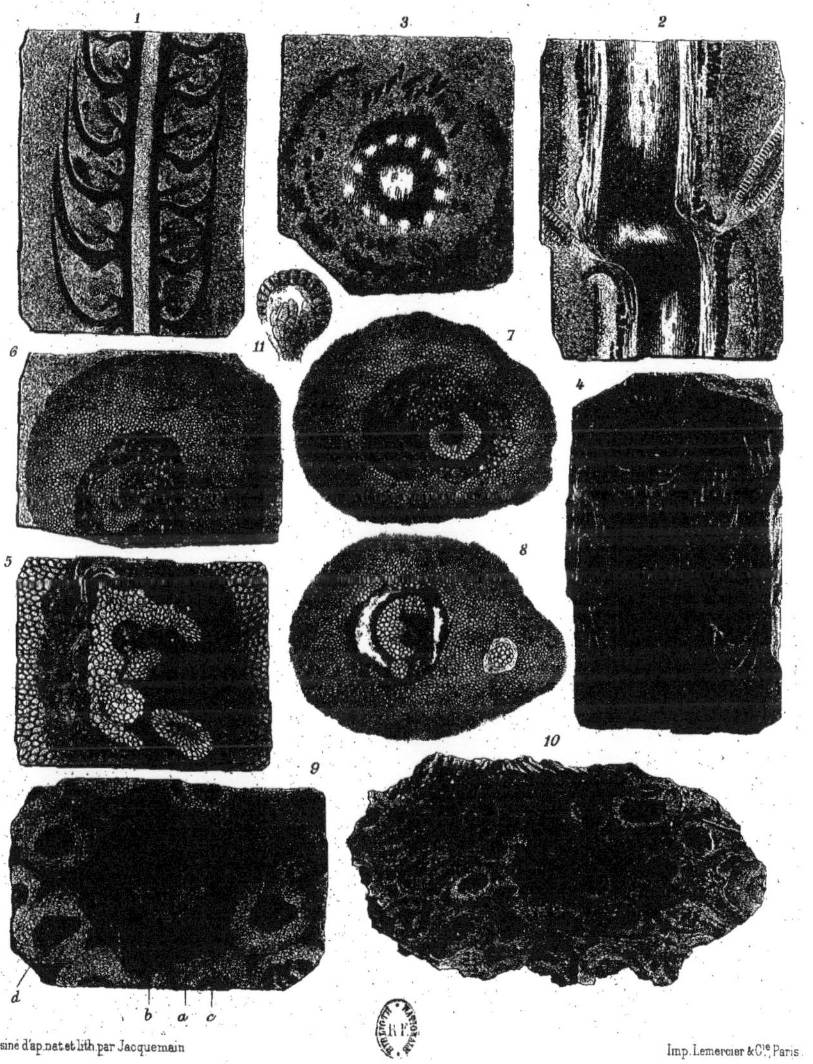

Dessiné d'ap. nat et lith. par Jacquemain

Imp. Lemercier & Cie, Paris.

PLANCHE XXXI.

PLANCHE XXXI.

EXPLICATION DES FIGURES.

FIG. 1. — Coupe transversale d'une portion de tige de *Botryopteris Rigolloti*, B. R. : *a*, cylindre ligneux ; *b*, écorce ; *c*, *c*, pétioles.

FIG. 1 *bis*. — Faisceau vasculaire d'un pétiole.

FIG. 2. — **Zygopteris Brongniarti.** B. RENAULT. — *a*, cylindre ligneux de la tige ; *p*, pétiole ; *r*, racine adventive.

FIG. 3. — **Zygopteris Lacatti.** B. RENAULT. — *a*, faisceau vasculaire en forme de H ; *b*, zone libérienne continue avec cellules grillagées ; *c*, *c*, deux bandes vasculaires se rendant dans les ramifications de la fronde ; *d*, écorce parenchymateuse renfermant des canaux à gomme ; *e*, tissu hypodermique.

FIG. 4. — Section longitudinale du même : les mêmes lettres désignent les mêmes parties.

FIG. 5. — Groupe de sporanges de *Zygopteris* coupés longitudinalement, remplis de spores, et montrant les deux bandes élastiques opposées déterminant la déhiscence.

FIG. 6. — Deux sporanges coupés également en long et montrant leur mode d'attache.

FIG. 6 *bis*. — Macrospores avec les trois lignes radiantes de déhiscence.

FIG. 7. — Coupe transversale d'un groupe de sporanges remplis de spores.

FIG. 7 *bis*. — Cellule mère avec une division cellulaire interne.

FIG. 8. — Plaque silicifiée polie et amincie, contenant un nombre considérable de sporanges de *Zygopteris*.

FIG. 9. — Portion de tige d'*Anachoropteris Brongniarti*, B. R., montrant le cylindre ligneux vasculaire et le tissu cellulaire central envoyant cinq branches dichotomes vers la périphérie. L'assise libérienne est continue, et l'écorce est parcourue par un grand nombre de cordons foliaires.

FIG. 10. — Cylindre ligneux d'*Anachoropteris* en forme d'étoile à cinq branches ; la partie centrale est occupée par du tissu cellulaire qui envoie à la périphérie cinq branches bifurquées à leur extrémité.

Tous les échantillons figurés proviennent du Champ des Borgis.

PL. XXXI.

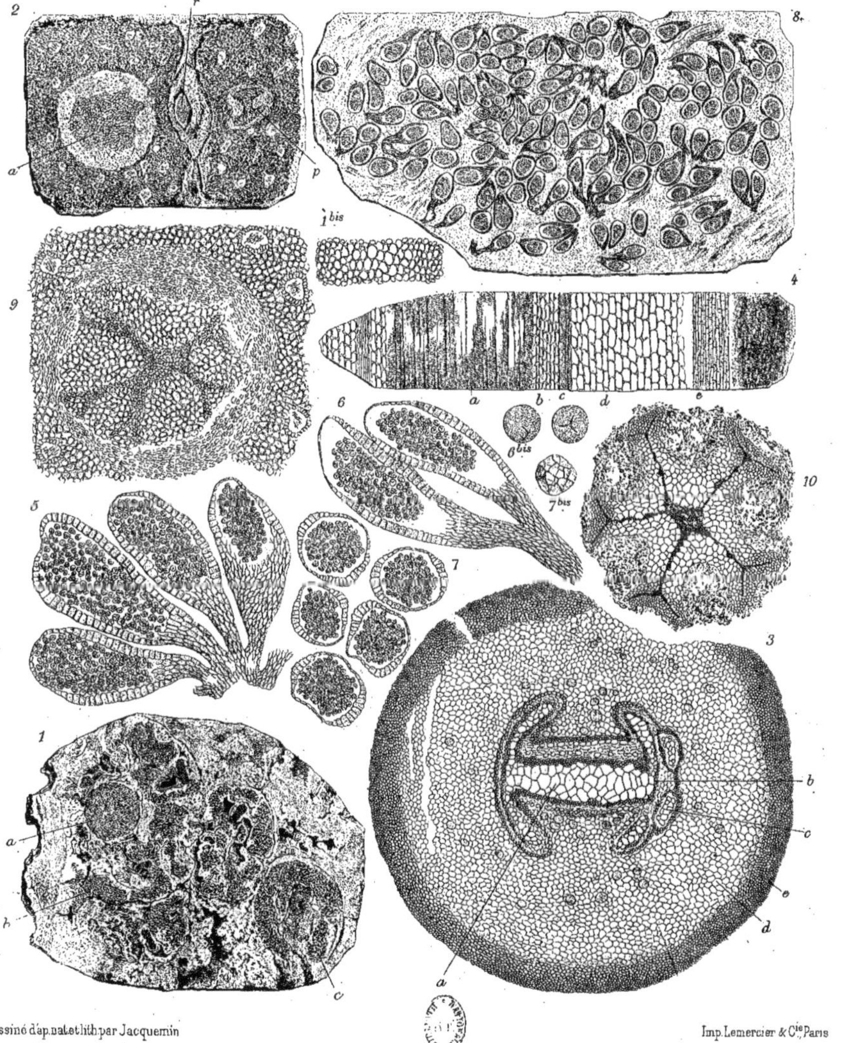

Dessiné d'ap. nat. et lith. par Jacquemin

Imp. Lemercier & Cie, Paris

PLANCHE XXXII.

3
IMPRIMERIE NATIONALE.

PLANCHE XXXII.

EXPLICATION DES FIGURES.

Fig. 1. — **Botryopteris forensis.** B. Renault. — Coupe transversale d'une tige : *a*, cylindre ligneux plein formé de trachéides rayées. Les plus petits éléments se trouvent à la périphérie ; *b*, faisceaux vasculaires de pétioles encore inclus, coupés obliquement, et dont la section affecte la forme d'un ω ; *c*, écorce ; *r*, radicelles se dirigeant presque horizontalement vers la périphérie.

Fig. 2. — Coupe longitudinale du même échantillon : *a*, cylindre ligneux de la tige ; *b*, un pétiole s'en détachant.

Fig. 3. — Une portion du tissu de la tige composé de trachéides rayées.

Cet échantillon provient des gisements silicifiés de Grand-Croix près Rive-de-Gier.

Fig. 4. — Coupe transversale d'un pétiole de *Botryopteris* : *a*, faisceau vasculaire unique en forme de ω ; *b*, assise de l'écorce formée de cellules allongées sclérifiées ; *c*, poils cloisonnés de la surface.

Fig. 5. — Faisceau vasculaire du même, plus grossi ; à gauche de la figure, en *m*, se détache un faisceau vasculaire secondaire d'abord adhérent aux trois branches du faisceau principal et qui se prépare à prendre la forme caractéristique d'un ω.

Fig. 6. — Poils plus grossis, formés d'articles emboîtés les uns dans les autres et dont les bords sont crénelés.

Fig. 7. — Coupe transversale faite au milieu d'une masse de sporanges encore groupés autour de leurs rameaux et ramules.

Fig. 8. — Autre coupe montrant un pétiole avec des faisceaux vasculaires présentant la forme caractéristique de l'ω.

Fig. 9 et 9 *bis*. — Sporanges plus grossis, coupés longitudinalement et transversalement, munis d'une seule bande élastique, remplis de spores.

Fig. 10. — Macrospores avec leurs trois lignes de débiscence.

Fig. 11. — Cellules mères pluricellulaires de microspores (?) les accompagnant.

PL.XXXII.

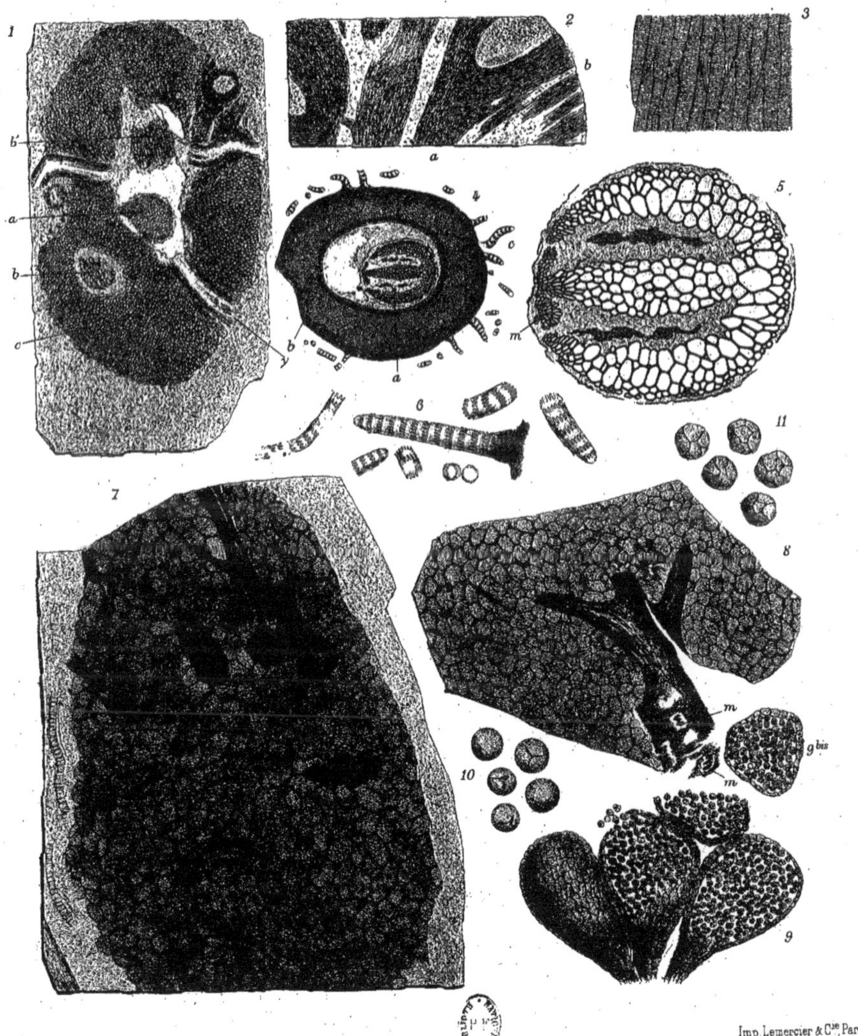

Dessiné d'ap.nat.et lith.par Jacquemin.

Imp. Lemercier & Cie, Paris.

PLANCHE XXXIII.

PLANCHE XXXIII.

EXPLICATION DES FIGURES.

Fig. 1. — Coupe transversale de *Lepidodendron esnostense*, B. R.; au centre se trouve le cylindre ligneux, à la périphérie la zone subéreuse de l'écorce.

Fig. 2. — Portion de la même grossie dix fois : *a*, cylindre ligneux central plein; *b*, faisceaux vasculaires se détachant du cylindre pour se porter dans les feuilles; *c*, assise subéreuse de l'écorce formée de plusieurs couches concentriques.

Fig. 3 et 4. — Coupes obliques du cylindre ligneux montrant en *a* les trachéides rayées qui le composent, et en *b* les cordons foliaires.

Fig. 5. — Coupe radiale faite dans la partie subéreuse montrant les cellules qui forment le réseau, comme dans certaines Sigillaires à écorce lisse.

Fig. 6. — Coupe tangentielle dirigée dans la même région : *d*, cellules subéreuses allongées formant un réseau dont les mailles sont occupées par des cellules rectangulaires à parois minces *e*.

Fig. 7. — Coupe transversale passant par la région des coussinets traversée par les cordons foliaires.

Fig. 8, 9 et 10. — Coupes faites un peu au-dessus de la précédente et montrant des lambeaux de feuilles.

Fig. 11 et 12. — Coupes tangentielles faites à différentes profondeurs dans les coussinets.

Fig. 13 et 14. — Coupes radiales faites dans les coussinets : *f*, faisceau foliaire.

Fig. 15. — Coupe tangentielle d'un coussinet, grossie dix fois : *g*, tissu cellulaire charnu du coussinet; *f*, faisceau foliaire; *l*, deux organes aquifères (?) en partie soudés, formés de cellules rameuses.

PL. XXXIII

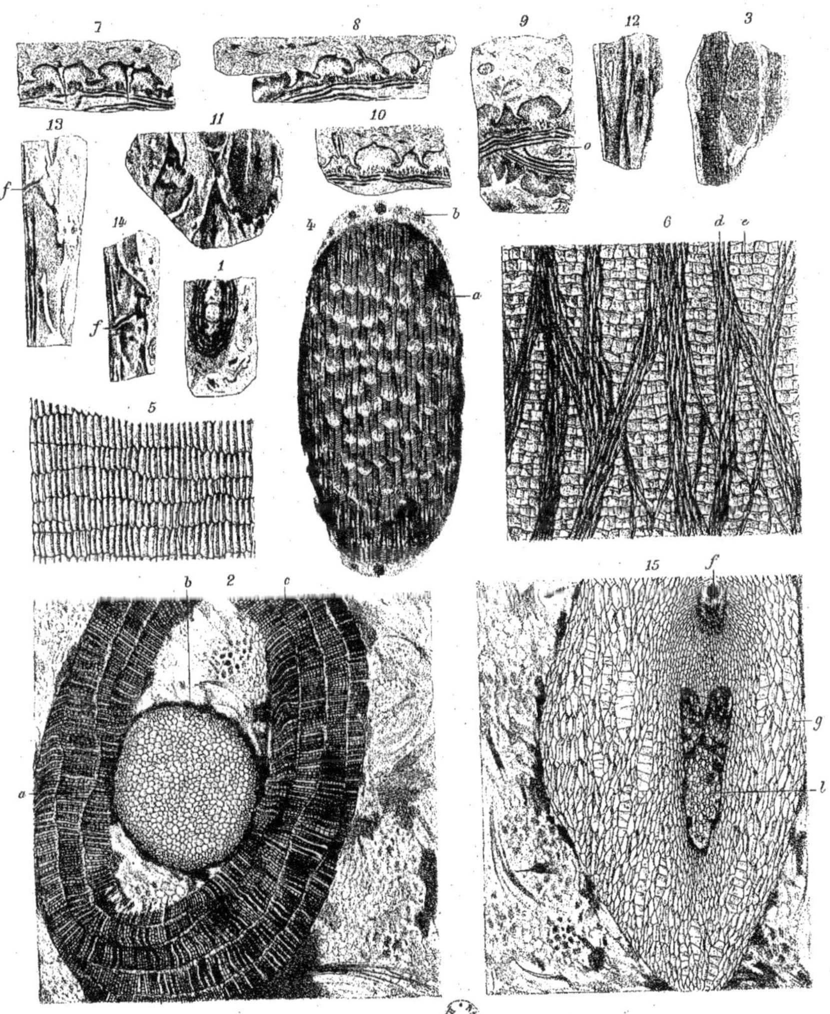

Dessiné d'ap.nat.et lith. par Sohier

Imp. Lemercier & Cie Paris

PLANCHE XXXIV.

PLANCHE XXXIV.

EXPLICATION DES FIGURES.

Fig. 1. — Coupe tangentielle passant à travers les coussinets du *Lepidodendron esnostense* : *f*, faisceau foliaire ; *l*, organes lacuneux aquifères.

Fig. 2. — Coupe transversale de *L. Baylei*, B. R. Le cylindre ligneux est accompagné d'un certain nombre de cordons foliaires ; grossi dix fois.

Fig. 3. — Coupe transversale d'un rameau de *Lepidodendron* provenant des tufs porphyriques de Polroy, près Autun.

Fig. 4. — Coupe transversale faite à la base d'une feuille de *L. esnostense* : *a*, cordon foliaire ; *b*, liber ; *c*, gaine aquifère ; *d*, parenchyme à tissu lâche souvent déchiré ; *f*, une des rainures stomatifères.

Fig. 5. — Coupe transversale faite à une petite distance de la base ; les lettres ont la même signification.

Fig. 6. — Coupe transversale faite à l'extrémité de la feuille : la section est devenue à peu près circulaire, les rainures à stomates ont disparu ; les lettres ont la même signification que précédemment.

Fig. 7. — Coupe longitudinale d'une portion de feuille de *L. esnostense* : *a*, faisceau vasculaire de la feuille ; *b*, liber ; *c*, tissu vasiforme ou aquifère ; *d*, parenchyme ; *e*, épiderme.

Fig. 8. — Coupe longitudinale passant par l'une des rainures stomatifères : *c*, tissu vasiforme ; *g*, parenchyme lacuneux placé sous les stomates ; *s*, stomates ; *ep*, épiderme.

Fig. 9. — Macrosporange de *L. esnostense*, renfermant un grand nombre de macrospores.

Fig. 10 et 11. — Macrospores isolées montrant une sorte de bec comme celles rencontrées dans les épis du *L. rhodumnense*. À l'intérieur on distingue les cellules du prothalle femelle ; l'archégone n'est pas encore formée.

Fig. 12. — Microsporange de *L. esnostense*, rempli de microspores.

Fig. 13. — Microspores incluses groupées en tétrades.

Fig. 14. — Section transversale d'un groupe de racines de *L. esnostense* : *ec*, assise corticale ; *f*, faisceau vasculaire central rappelant par sa forme celui des racines de Sélaginelle.

Fig. 15. — Une racine isolée coupée obliquement.

Fig. 16. — Faisceau vasculaire d'une racine montrant deux pointements trachéens, indice d'une bifurcation.

Fig. 17. — Coupe tangentielle faite dans la partie subéreuse d'une écorce de *L. esnostense*, appartenant à la partie inférieure de la tige et montrant une sortie de racine.

Fig. 18. — Coupe transversale d'une feuille d'assez grande dimension appartenant à une Cryptogame non déterminée : *f*, faisceau vasculaire bicentre ; *l*, liber ; *ep*, épiderme ; *m*, parenchyme supérieur assez coriace ; *n*, parenchyme lacuneux ; *p*, côte saillante parcourant la feuille suivant sa longueur.

Tous les échantillons figurés proviennent des gisements d'Esnost.

PL. XXXIV.

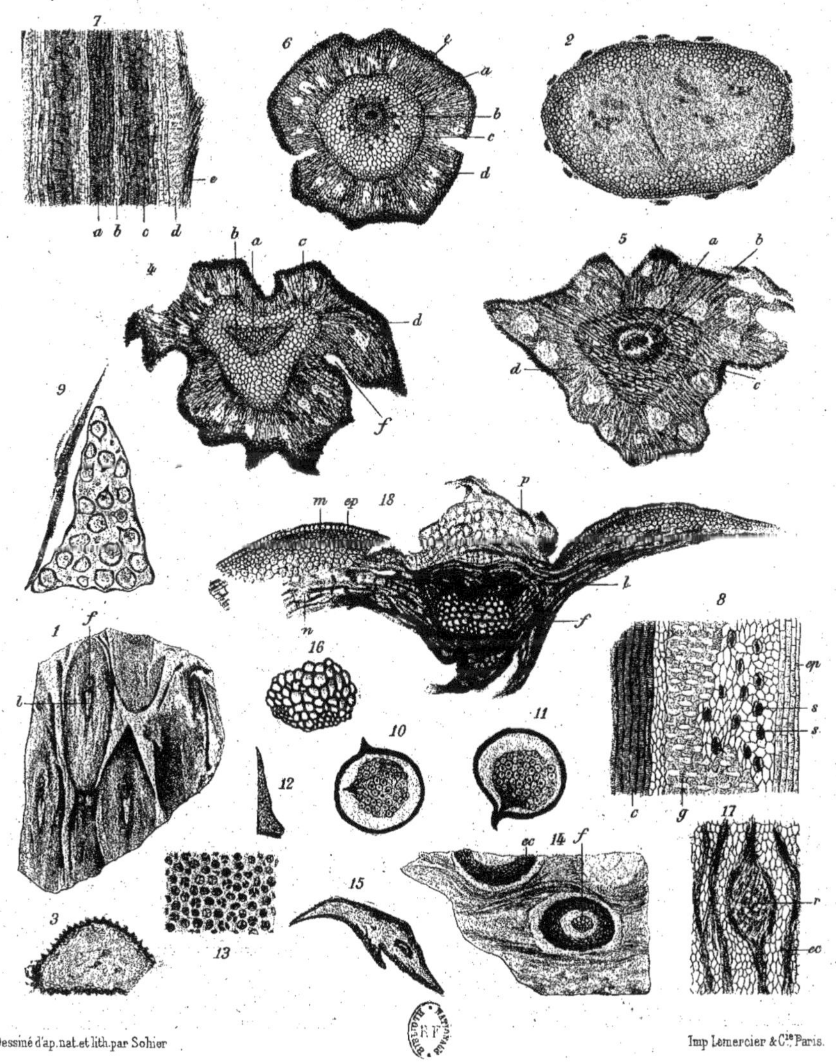

Dessiné d'ap. nat. et lith. par Sohier

Imp. Lemercier & Cie, Paris.

PLANCHE XXXV.

PLANCHE XXXV.

EXPLICATION DES FIGURES.

Fig. 1. — **Sigillaria Brardi.** Brongniart. — Tige bifurquée, montrant l'assise subéreuse sous-cicatricielle striée longitudinalement.

Cet échantillon provient des couches permiennes d'Igornay.

Fig. 2. — **Sigillaria tessellata** (?). Brongniart. — Échantillon silicifié décortiqué.

Champ de la Justice, près Autun.

PL. XXXV.

Dessiné d'ap. nat. et lith. par Sohier

Imp. Lemercier & Cie, Paris.

PLANCHE XXXVI.

IMPRIMERIE NATIONALE.

PLANCHE XXXVI.

EXPLICATION DES FIGURES.

FIG. 1. — **Sigillaria lepidodendrifolia.** BRONGNIART. — Fragment d'écorce portant une cicatrice foliaire.

FIG. 2. — **Sigillaria spinulosa.** GERMAR. — Portion d'écorce appartenant à une jeune tige munie de cicatrices foliaires bien conservées.
Champ de la Justice, près Autun.

FIG. 3 et 4. — **Sigillaria spinulosa.** GERMAR. — Cicatrices prises sur l'échantillon de la Figure 5.

FIG. 5. — Coupe transversale d'une tige de *S. spinulosa :* *a*, cylindre ligneux disjoint; *b*, assise subéreuse de l'écorce; *f*, faisceaux foliaires.

FIG. 6. — **Sigillaria** cf. **Brardi.** BRONGNIART. — Dracy-Saint-Loup, près Autun.

FIG. 7. — **Sigillaria** cf. **Brardi.** BRONGNIART. — Dracy-Saint-Loup.

FIG. 8. — **Sigillaria Menardi.** BRONGNIART. — Copie de la figure type de Brongniart.

FIG. 9. — **Sigillaria Menardi.** BRONGNIART. — Échantillon décrit jadis par Brongniart sous le nom de *Sigillaria elegans.* — Champ de la Justice.

FIG. 10. — Le même, vu d'après un moulage, pour comparer avec la Figure 8.

FIG. 11. — Coupe transversale du même : *a*, cylindre ligneux; *b*, portion de l'écorce.

FIG. 12. — Section transversale d'une écorce de Sigillaire âgée : *a*, assise subéreuse réticulée; *b*, un appareil sécréteur coupé obliquement.

FIG. 13. — Autre fragment d'écorce : *a*, assise subéreuse; *b*, appareil sécréteur.

FIG. 14. — Portion d'écorce coupée longitudinalement : *a*, assise subéreuse; *b*, *b*, les deux appareils sécréteurs coupés transversalement.

FIG. 15. — Autre portion d'écorce coupée tangentiellement : *a*, assise subéreuse; *b*, *b*, deux appareils sécréteurs coupés transversalement.

FIG. 16. — Section transversale de deux appareils sécréteurs placés à des hauteurs différentes.

FIG. 17. — Deux autres appareils de même nature vus extérieurement et montrant les orifices des canaux sécréteurs. — Champ des Borgis.

PL. XXXVI.

Dessiné d'ap. nat. et lith. par Solier

Imp. Lemercier & Cie, Paris

PLANCHE XXXVII.

3.

PLANCHE XXXVII.

EXPLICATION DES FIGURES.

FIG. 1. — **Sigillaria Brardi.** BRONGNIART. — Coussinets foliaires vus en dessous; *b*, assise subéreuse striée longitudinalement. — Dracy-Saint-Loup.

FIG. 2. — Coupe tangentielle faite dans l'assise subéreuse de l'échantillon précédent : *a*, lames de liège en forme de bandes presque parallèles et ne se rejoignant qu'à de longs intervalles; *b*, tissu cellulaire à éléments allongés. Les parois sont minces et les faces supérieure et inférieure peu obliques.

FIG. 3. — Coupe tangentielle passant par les coussinets du *S. Menardi* : *a*, faisceau foliaire diploxylé; *b*, *b*, appareils sécréteurs.

FIG. 4. — Coupe tangentielle faite dans la partie subéreuse : *a*, cordons foliaires diploxylés; *b*, *b*, appareils sécréteurs. Le tissu subéreux *c* est continu et n'est pas séparé par des bandes cellulaires comme cela se présente dans le *S. spinulosa* et le *S. Brardi*.

FIG. 5. — Coupe transversale du cylindre ligneux du *S. Menardi* : *a*, bois centripète; *b*, bois centrifuge; *c*, cordons foliaires prenant naissance entre les deux bois.

FIG. 6. — Coupe longitudinale radiale du *S. Menardi* : *a*, bois centripète; *b*, bois centrifuge; *c*, *c*, cordons foliaires aboutissant entre les deux bois.

FIG. 7. — Coupe tangentielle du même.

FIG. 8. — Section transversale de *Stigmaria* : *a*, bois centrifuge; *b*, *b*, cordons vasculaires se dirigeant vers les appendices. — Environs d'Halifax (Angleterre).

FIG. 9. — Section transversale de *Stigmaria* : *a*, bois centrifuge; *a'*, mince couche de bois centripète; *b*, cordons vasculaires se rendant dans les appendices; *r*, un appendice, feuille ou racine, s'échappant perpendiculairement. — Halifax.

FIG. 10. — Coupe tangentielle faite près du bord interne du cylindre ligneux : *a*, bois centrifuge; *a'*, bois centripète à plus petits éléments.

FIG. 11. — Section transversale d'une radicelle prise dans l'échantillon précédent : *a*, faisceau vasculaire tricentre de la radicelle; on voit les trois trachées très grêles marquant les centres de différenciation, et plus en dedans trois grosses trachéides.

PL. XXXVII.

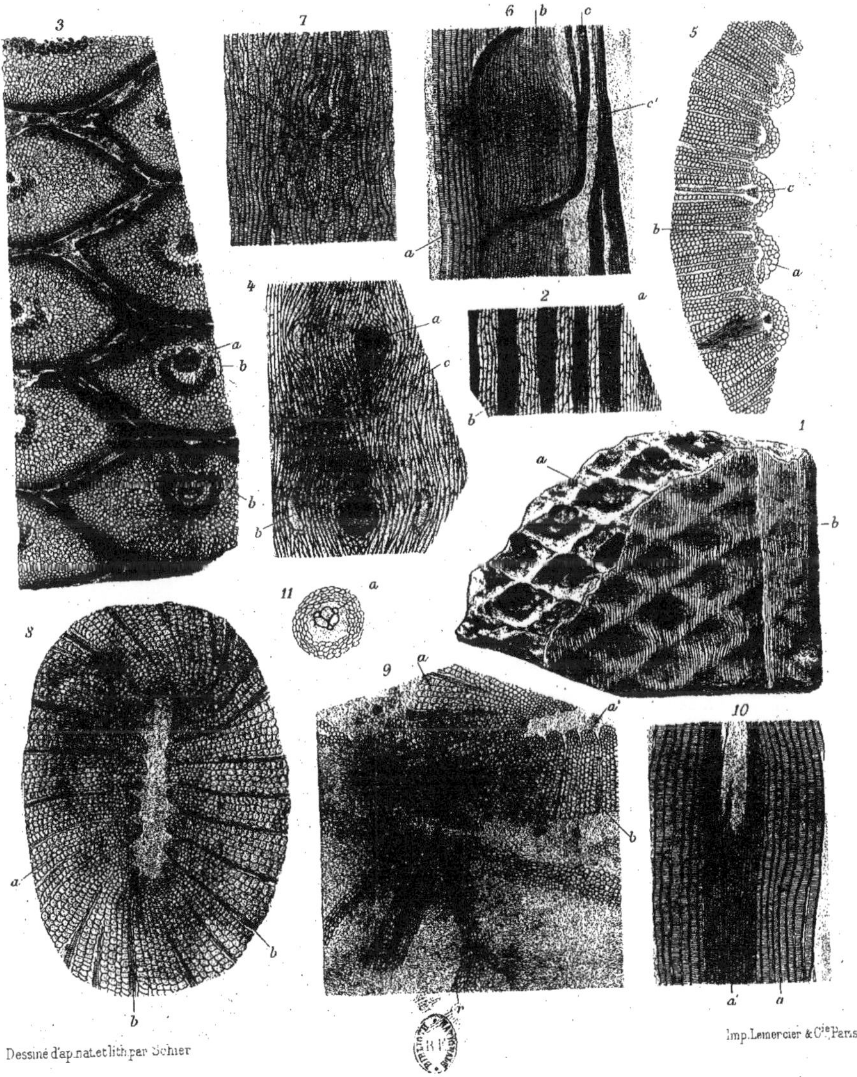

Dessiné d'ap. nat. et lith. par Schier

Imp. Lemercier & Cie Paris.

PLANCHE XXXVIII.

PLANCHE XXXVIII.

EXPLICATION DES FIGURES.

Fig. 1. — **Sigillaria xylina.** B. Renault. — Section transversale du cylindre ligneux. La moelle est très peu développée.

Fig. 1 *bis*. — Partie centrale grossie du même, montrant le bois centripète; au centre et plus extérieurement, le bois centrifuge.

Fig. 2 et 3. — Coupes transversales de deux échantillons de la même espèce.

Fig. 4. — Section transversale du cylindre ligneux du *Sigillaria spinulosa* (?).

Fig. 5. — **Stigmaria Brardi.** B. Renault. — *a*, cicatrices laissées par les appendices; *b*, *b*, appendices encore adhérents; *c*, assise subéreuse sous-cicatricielle.

Fig. 6. — **Stigmaria Brardi.** B. Renault. — *a*, cicatrices; *b*, cylindre ligneux; *c*, cordons vasculaires, se dirigeant dans les appendices. — Dracy-Saint-Loup.

Fig. 7. — Section transversale du cylindre ligneux.

Fig. 8. — Section longitudinale du même cylindre : *c*, cordon foliaire montant dans l'assise parenchymateuse de l'écorce.

Fig. 9. — Section transversale de *Stigmaria Brardi* : *e*, assise subéreuse très mince extérieure.

Fig. 10. — Appendice de *Stigmaria;* au centre on distingue l'empreinte du cylindre ligneux très grêle.

Fig. 11. — Portions de feuilles de *S. Brardi.*

PL. XXXVIII.

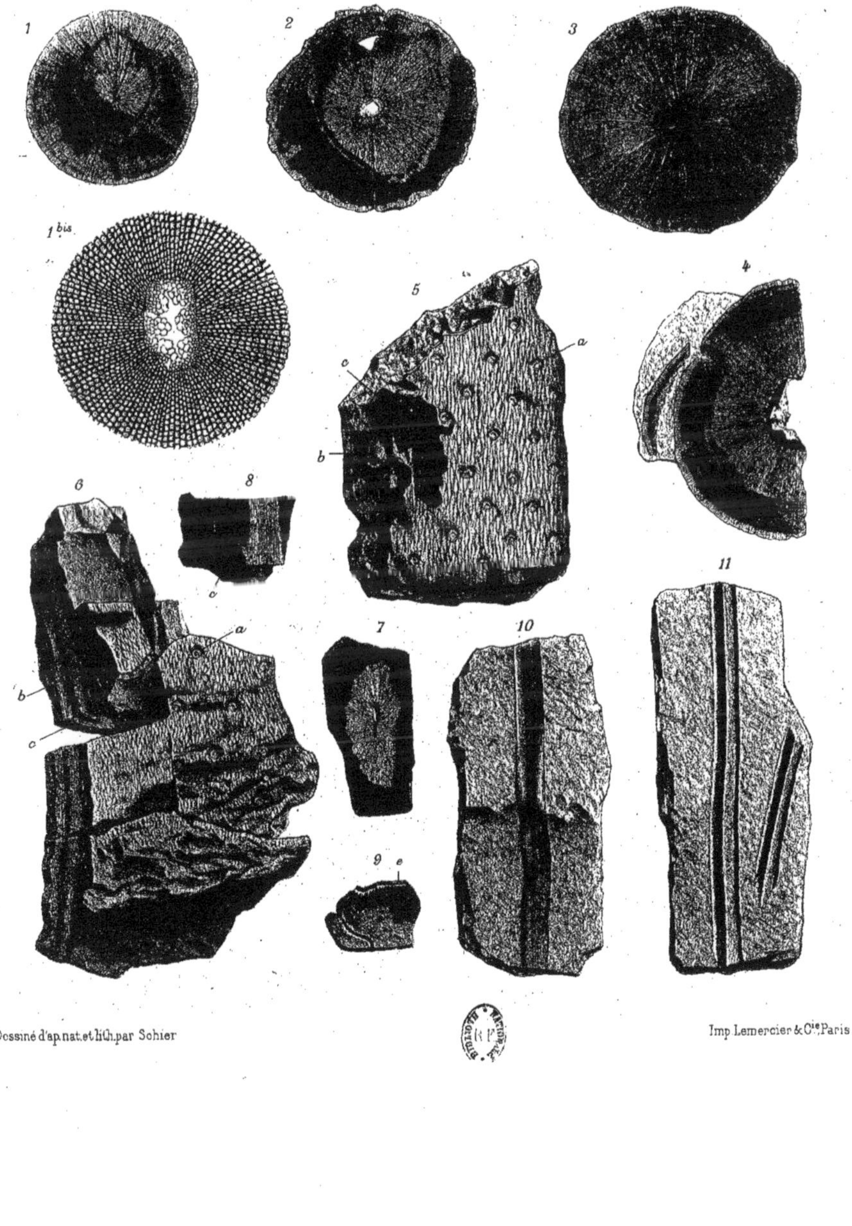

Dessiné d'ap.nat.et lith.par Schier

Imp Lemercier & Cie Paris.

PLANCHE XXXIX.

PLANCHE XXXIX.

EXPLICATION DES FIGURES.

Fig. 1, 2, 3, 4. — Coupes transversales du cylindre ligneux de quatre fragments de *Stigmaria Brardi* : *a*, bois centripète; *b*, bois centrifuge. — Dracy-Saint-Loup.

Fig. 5. — Partie centrale plus grossie (10 fois) : *a*, bois centripète; les festons réunis par leurs bords forment une couronne continue; *b*, bois centrifuge rayonnant extérieur; *f*, cordons vasculaires traversant le bois pour se rendre dans les appendices.

Fig. 6. — Coupe transversale un peu oblique de la partie centrale d'un autre échantillon. La couronne de bois centripète s'est détachée du bois centrifuge sur l'un des côtés de l'échantillon.

Fig. 7. — Section grossie d'une autre partie centrale montrant également la continuité de la couronne de bois centripète.

Fig. 8. — Coupe tangentielle un peu oblique rencontrant deux cordons foliaires se dirigeant à travers le bois centrifuge.

Fig. 9. — Coupe transversale faite à la périphérie du cylindre ligneux; on voit un cordon foliaire *a* sortant, et plus en dehors, en ligne, deux autres cordons *b*, *c*, coupés transversalement avec leurs bois centripète et centrifuge.

Fig. 10. — Coupe radiale d'une portion de cylindre ligneux montrant les trachéides rayées et les rayons médullaires.

Fig. 11. — Coupe transversale d'un rameau de *Stigmaria* pris dans le voisinage de la tige principale; le bois centripète forme un cylindre plein au centre du rameau; *b*, bois secondaire; *c*, bois centripète.

Fig. 12. — Coupe transversale montrant le peu d'épaisseur de l'assise subéreuse de l'écorce du *Stigmaria*.

Fig. 13. — Coupe tangentielle de la partie subéreuse : on voit les lames de liège formant un réseau à mailles très allongées et séparées par des bandes de tissu cellulaire.

Fig. 14. — Une portion de la même, plus grossie : *a*, bandes de tissu subéreux; *b*, tissu formé de cellules à parois réticulées.

PL. XXXIX.

5 a b f 1 2 a b 6 4 3 9 c 8 7 14 b a 12 13 11 b c 10

Dessiné d'ap. nat. et lith. par Sohier

Imp. Lemercier & Cie, Paris.

PLANCHE XL.

PLANCHE XL.

EXPLICATION DES FIGURES.

Fig. 1. — Coupe tangentielle faite dans l'assise extérieure d'un *Stigmaria* du Champ des Borgis, près Autun : *a*, faisceau d'un appendice foliaire; *b*, faisceau d'un appendice radicellaire; *c*, une cicatrice vide.

Fig. 2. — Faisceau foliaire diploxylé : *a*, bois centripète; *b*, bois centrifuge.

Fig. 3. — Faisceau de racine *tricentre* entouré de bois secondaire.

Fig. 4. — Section transversale du cylindre ligneux d'un *Stigmaria* entouré de faisceaux foliaires diploxylés. — Champ des Borgis.

Fig. 5. — Partie centrale plus grossie, le centre est occupé par un cylindre ligneux centripète environné de bois centrifuge.

Fig. 6. — Coupe tangentielle du bois centrifuge montrant deux cordons foliaires coupés transversalement.

Fig. 7. — L'un des cordons, plus grossi, montrant en dessus le bois centripète, en dessous le bois centrifuge.

Fig. 8. — Coupe longitudinale du même : *a*, bois centripète; *b*, bois centrifuge; *c*, *c*, cordons foliaires.

Fig. 9. — L'un des cordons foliaires, plus grossi : le cordon foliaire diploxylé *c* aboutit entre les deux bois *a* et *b* formés de trachéides rayées d'inégale grosseur.

Fig. 10. — Coupe passant par cinq appendices se rapportant les uns à des radicelles, les autres à des feuilles modifiées de *Stigmaria*. — Environs de Manchester.

Fig. 11. — Un faisceau vasculaire tricentre de racine.

Fig. 12. — Un autre faisceau tricentre émettant une *radicelle* à l'un de ses angles.

Fig. 13. — Faisceau vasculaire appartenant à une feuille; le faisceau est diploxylé. Le bois centripète est en haut de la figure, le bois centrifuge rayonnant en bas; les trachées, dont l'une est vue déroulée en *t*, se trouvent entre les deux bois.

PL. XL.

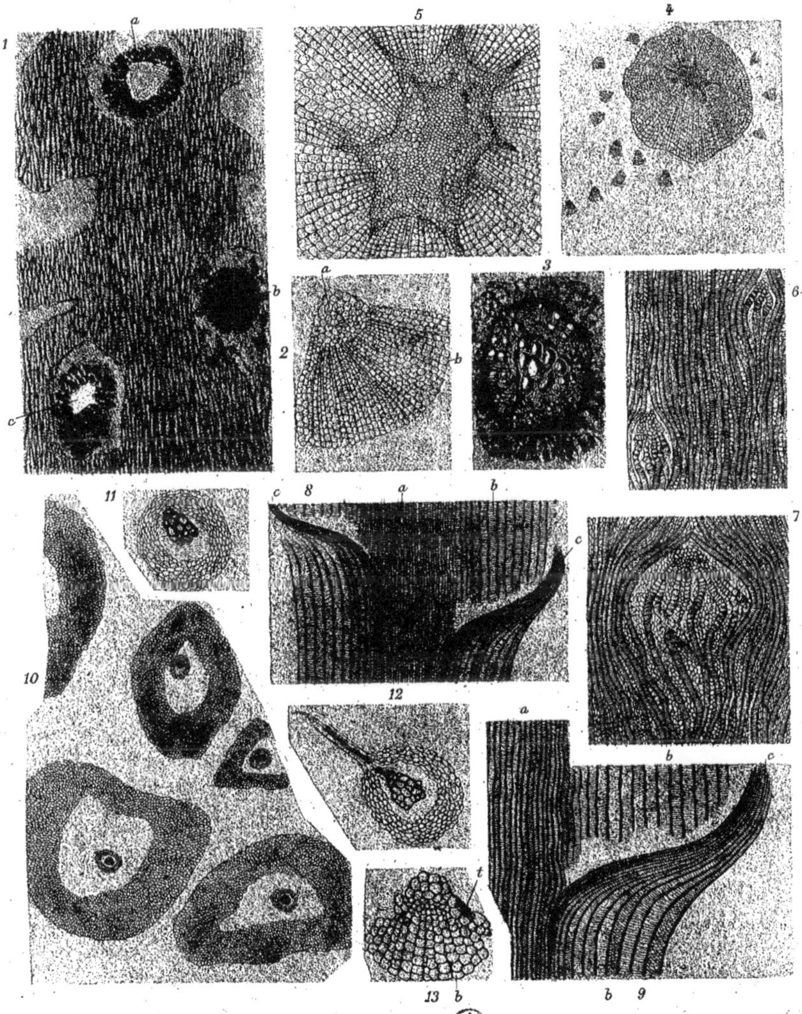

Dessiné d'ap. nat. et lith. par Sohier

Imp. Lemercier & Cie, Paris.

PLANCHE XLI.

PLANCHE XLI.

EXPLICATION DES FIGURES.

FIG. 1. — Portion de l'assise subéreuse d'une Sigillaire : *a*, appareil sécréteur; à la surface on voit les orifices des canaux. — Champ des Borgis, Autun.

FIG. 2. — Portion d'écorce de *Sigillaria reniformis* : *a*, appareils sécréteurs confluents.

FIG. 3. — Portion d'écorce de *Sigillaria alternans* : *a*, appareils sécréteurs séparés et placés à des hauteurs inégales. — Eschweiler.

FIG. 4. — Portion d'écorce d'un *Syringodendron* diplostigmé. — Eschweiler.

FIG. 5. — Coupe transversale d'un appareil sécréteur du *Sigillaria spinulosa* : *a*, tissu formé de cellules à minces parois; *bb*, canaux sécréteurs; *c*, gaine formée de cellules vasiformes.

FIG. 6. — Coupe transversale d'un cordon foliaire et de deux appareils sécréteurs : *a*, faisceau vasculaire; *b*, appareils sécréteurs; *c*, gaine de cellules vasiformes; *g*, couche subéreuse.

FIG. 7. — Coupe tangentielle du cordon foliaire : *a*, faisceau bicentre entouré d'une gaine libérienne; *b*, assise formée de trachéides ligneuses et de cellules cambiformes; *c*, liber secondaire; *d*, région de la gaine renfermant des cellules à gomme; *e*, îlot de cellules à parois sclérifiées entourant une lacune; *f*, gaine sclérenchymateuse entourant le faisceau.

FIG. 8. — Réservoirs à gomme pris dans la région libérienne *d* de la Figure précédente.

FIG. 9. — Coupe longitudinale d'un canal sécréteur : *b*, cellules servant de réservoir; *e*, cellules sécrétrices.

FIG. 10. — Coupe transversale d'un appareil à gomme : *a*, tissu parenchymateux à éléments grêles; *b*, cellules servant de réservoirs à gomme en partie résorbée ou détruite; *e*, cellules sécrétrices.

FIG. 10 *bis*. — Coupe longitudinale; les lettres ont la même signification que Figure 10.

FIG. 11. — Portion d'appareil pris dans un autre échantillon : *b*, *e*, comme précédemment; *a*, tissu parenchymateux, dont les cellules ont une section rhomboïdale.

FIG. 12. — Coupe transversale d'une feuille de *Sigillaria Brardi* : *a*, lame de bois primaire; *i*, bois secondaire et cellules vasiformes; *l*, gaine sclérenchymateuse; *m*, parenchyme de la feuille dont les cellules sont allongées transversalement; *g*, rainures longitudinales placées de chaque côté de la nervure médiane; *ep*, épiderme.

FIG. 13. — Coupe transversale d'une feuille de *Sigillaria spinulosa* : *n*, épiderme tapissant les rainures; quelques-unes des cellules s'allongent en poils.

FIG. 14. — Section de feuille de *Sigillaria latifolia*, B. R. : *g*, rainures garnies de poils et de stomates; *a*, bois primaire; *l*, gaine sclérenchymateuse; *i*, bois secondaire et cellules vasiformes.

FIG. 15. — Section de feuille de *Sigillaria Brardi*, prise à son extrémité.

FIG. 16. — Section de feuille de *Sigillaria Brardi*, prise dans sa région moyenne.

FIG. 17. — Portion centrale de la Figure 15 : *a*, bois primaire; la gaine sclérenchymateuse *l* est divisée en trois lames; le bois secondaire *i* n'est représenté que par quelques trachéides éparses au milieu d'un tissu cambiforme.

FIG. 18. — Détails grossis d'une portion de cordon foliaire d'une feuille de *Sigillaria spinulosa* : *a*, bois primaire; *i*, bois secondaire et cellules vasiformes; *s*, liber du bois primaire; *o*, liber (?) du bois secondaire; *p*, *l*, les bandes supérieure et inférieure de la gaine sclérenchymateuse; *r*, tissu à cellules très délicates souvent détruit, entouré par la gaine précédente; *m*, *n*, mésophylle de la feuille.

FIG. 19. — Section transversale d'un cordon foliaire de *Sigillaria spinulosa* : *a*, bois primaire; *i*, bois secondaire et cellules vasiformes; *l*, gaine sclérenchymateuse enveloppant une masse de tissu cellulaire à parois très minces *r*; *m*, parenchyme de la feuille.

FIG. 20. — Portion de la surface interne d'une des rainures latérales : *st*, stomates; *m*, tissu lacuneux placé au-dessous des stomates; *h*, tissu hypodermique qui s'arrête au bord des rainures; *ep*, épiderme.

FIG. 21. — Coupe perpendiculaire à la surface d'une rainure, grossie cent vingt et une fois : *p*, poils pluricellulaires; *o*, parenchyme formé de cellules à parois minces, venant à la suite du tissu lacuneux; *h*, hypoderme s'arrêtant aux rainures; *ep*, épiderme.

FIG. 22. — Lambeau d'épiderme pris dans une des rainures latérales d'une feuille de *Sigillaria Brardi* : outre les ouvertures elliptiques des stomates *st*, on en distingue d'autres polygonales *p*, qui appartiennent à la base des poils.

FIG. 23. — Coupe faite à la base même d'insertion d'une feuille sur son coussinet : *o*, appareils sécréteurs; *a*, bois primaire; *c*, gaine sclérenchymateuse; *d*, bois secondaire.

FIG. 24. — Feuille de *Sigillaria spinulosa*, vue par sa face inférieure (grandeur naturelle) : *c*, cicatrice foliaire avec les trois cicatricules caractéristiques; *cp*, lambeau d'épiderme emporté par la feuille; *g*, rainures latérales parcourant la feuille dans toute son étendue et se terminant de chaque côté un peu au-dessus du milieu de la cicatrice.

FIG. 25 et 26. — Section longitudinale d'un cordon foliaire de *Sigillaria spinulosa*, dans sa course horizontale à travers la région subéreuse de l'écorce, grossie trente-cinq fois : *a*, bois centripète formé de trachéides rayées dont la lignification est complète, surtout dans la région profonde de l'écorce *a*, Figure 26; *b*, bois centrifuge secondaire, les trachéides sont plus rectilignes, mais moins lignifiées que celles du bois précédent; *l*, région libérienne avec quelques cellules à gomme; en dehors on voit les cellules sclérifiées formant une sorte de gaine au cordon foliaire; *v*, cellules de la partie charnue du coussinet; elles sont polyédriques, et leurs parois finement ponctuées et réticulées; *su*, cellules composant la partie subéreuse de l'écorce, elles sont alignées en séries régulières, leur section dans ce sens est rectangulaire et légèrement biseautée à l'extrémité.

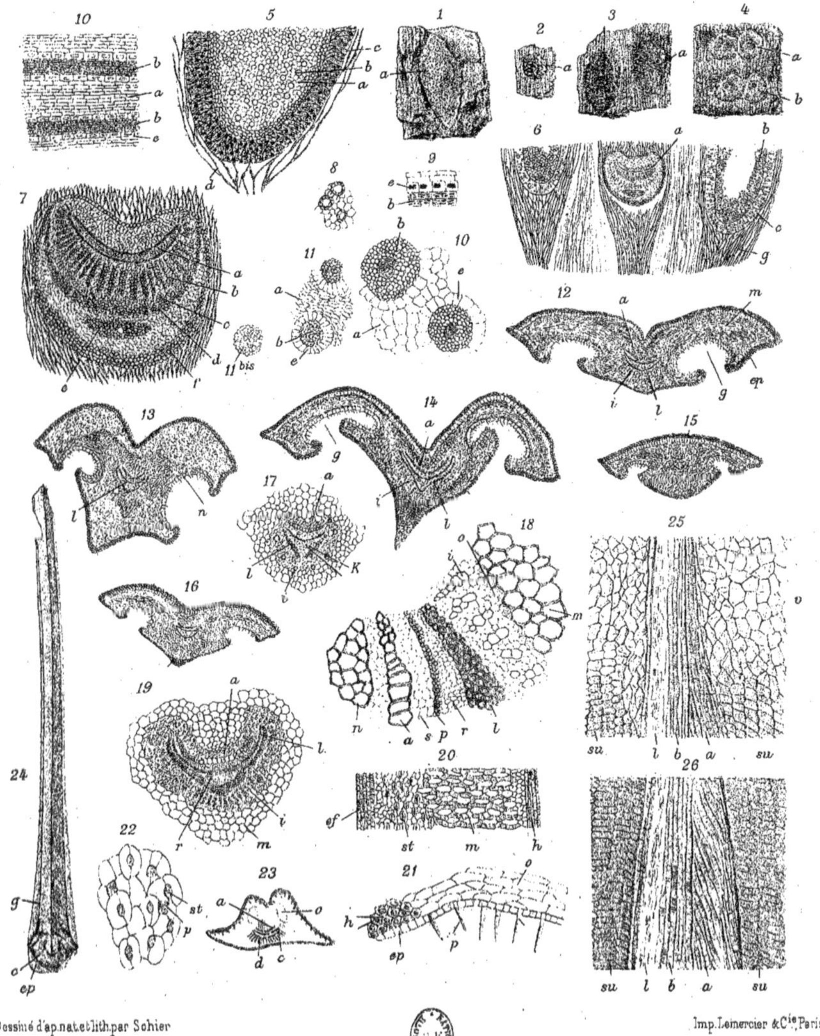

PL. XLI.

Dessiné d'ap.nat.et lith.par Schier

Imp. Lemercier & Cie. Paris.

PLANCHE XLII.

PLANCHE XLII.

EXPLICATION DES FIGURES.

FIG. 1. — **Bornia radiata.** BRONGNIART (sp.). — Échantillon du Bois Saint-Romain, près Autun, présentant une bifurcation.

FIG. 2. — **Bornia radiata.** BRONGNIART (sp.).

FIG. 3. — **Bornia radiata.** — BRONGNIART (sp.). — Rameau.

FIG. 4. — *Bornia radiata*, avec une radicelle *r* qui s'en échappe.

FIG. 5. — Coupe d'un échantillon silicifié d'Esnost présentant un coin ligneux de *Bornia*, muni d'une lacune aérienne; les trachées *tr* sont en contact avec l'extrémité des coins ligneux.

FIG. 6. — Empreinte du terrain anthracifère de la Vendée sur laquelle on voit des feuilles dichotomes de *Bornia* et des épis de fructification.

FIG. 7. — Un de ces épis, grossi, montrant les sacs fructifères groupés par quatre sur les pédicelles et renfermant soit des microspores, soit des grains de pollen.

FIG. 8. — Coupe d'un silex d'Esnost montrant en *a* une graine coupée longitudinalement et en *b* une autre coupée transversalement; le tégument est formé de deux enveloppes, l'une intérieure, *endotesta*, composée de cellules à parois épaissies, l'autre extérieure, *sarcotesta*, formée de cellules à parois minces.

FIG. 9. — Sections transversales de graines passant dans la région micropylaire; les graines dans cette région sont munies de deux côtes saillantes.

FIG. 10, 11 et 12. — Portions de téguments de graines; dans le voisinage on remarque des grains de pollen pluricellulaires.

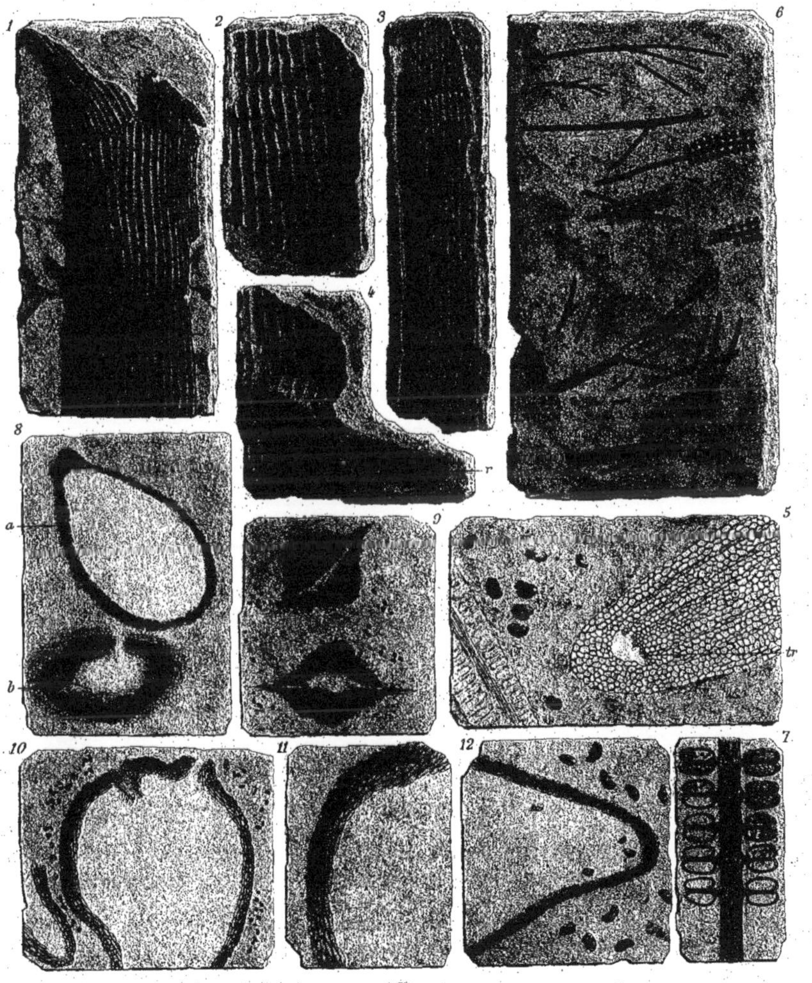

Dessiné d'ap. nat. et lith. par Jacquemin

Imp. Lemercier & Cie Paris.

PLANCHE XLIII.

PLANCHE XLIII.

EXPLICATION DES FIGURES.

FIG. 1. — Coupe transversale de *Bornia esnostensis*, B. R., montrant deux coins ligneux munis de lacunes aériennes.

FIG. 2. — Un coin ligneux, plus grossi, présentant l'organisation générale des *Arthropitus*.

FIG. 3. — Coupe longitudinale radiale du bois de *Bornia*.

FIG. 4. — Portion de la même, plus grossie; on distingue les trachéides ponctuées du bois et les rayons médullaires formés de cellules plus hautes que larges.

FIG. 5. — Coupe tangentielle du bois passant par une racine encore incluse.

FIG. 6. — La même, plus grossie : *a*, bois de la tige; *b*, bois de la racine; *c*, gaine entourant le cylindre ligneux de la racine.

FIG. 7. — Coupe longitudinale d'une racine de *Bornia* montrant une dichotomie.

FIG. 8. — Coupe transversale de racine : *a*, bois centripète; *b*, bois rayonnant centrifuge; *m*, moelle.

FIG. 9. — Coupe d'une autre racine, plus grossie : *a*, bois centripète; *b*, bois rayonnant centrifuge.

FIG. 10. — Coupe longitudinale radiale de racine de *Bornia* : *a*, bois centripète; *b*, bois secondaire rayonnant centrifuge; *m*, moelle; les trachées se trouvent entre les deux bois.

Toutes ces préparations ont été faites dans les silex d'Esnost.

PL. XLIII.

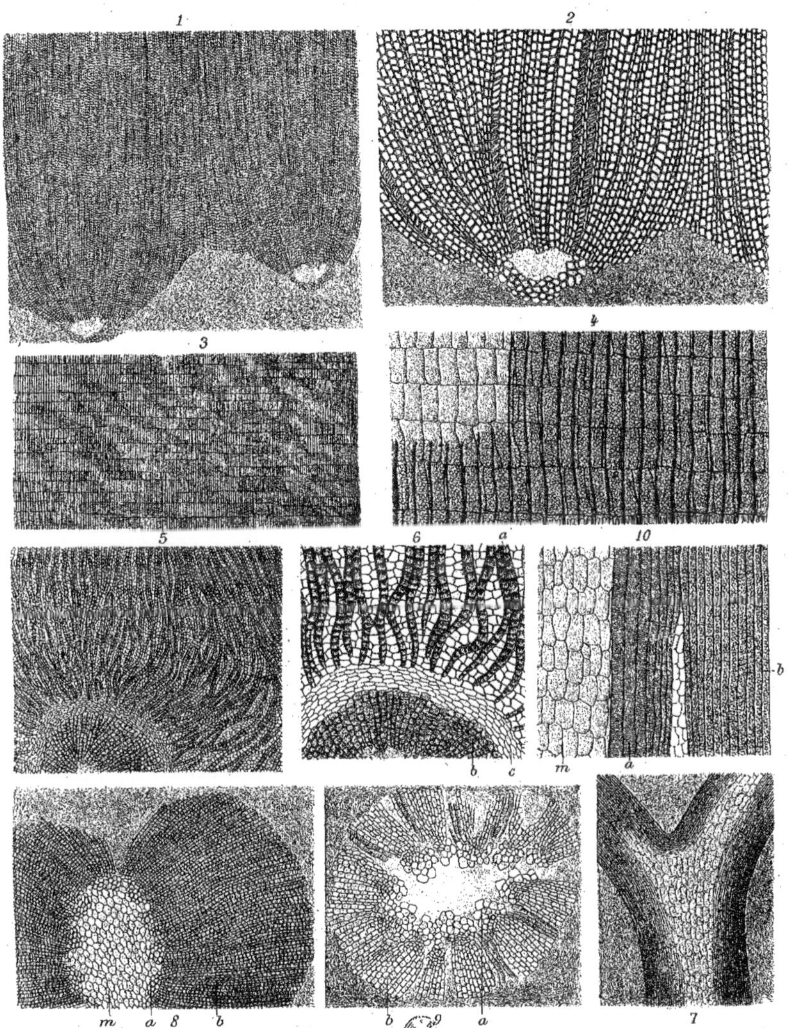

Dessiné d'ap. nat. et lith. par Jacquemin

Imp. Lemercier & Cie. Paris

PLANCHE XLIV.

IMPRIMERIE NATIONALE.

PLANCHE XLIV.

EXPLICATION DES FIGURES.

Fig. 1. — Section transversale d'un tronc silicifié d'*Arthropitus bistriata*, Goeppert, du Champ des Borgis : *a*, extrémité des coins ligneux terminés par une lacune aérienne : *b*, bois rayonnant; *c*, grosse racine encore incluse et se dirigeant vers l'extérieur du tronc.

Fig. 2. — Section transversale d'un autre tronc d'*Arthropitus bistriata* de même provenance : *b*, coins ligneux terminés par une lacune; *d*, lame cellulaire séparant les coins ligneux et allant du centre à la périphérie.

Fig. 3. — Vue extérieure d'un *Arthropitus bistriata* silicifié de même provenance : *b*, coins ligneux; *d*, lame cellulaire séparant les coins ligneux; *r*, verticille de rameaux; l'échantillon présente plusieurs autres verticilles visibles à la loupe, mais qui appartiennent à des organes foliaires.

PL. XLIV

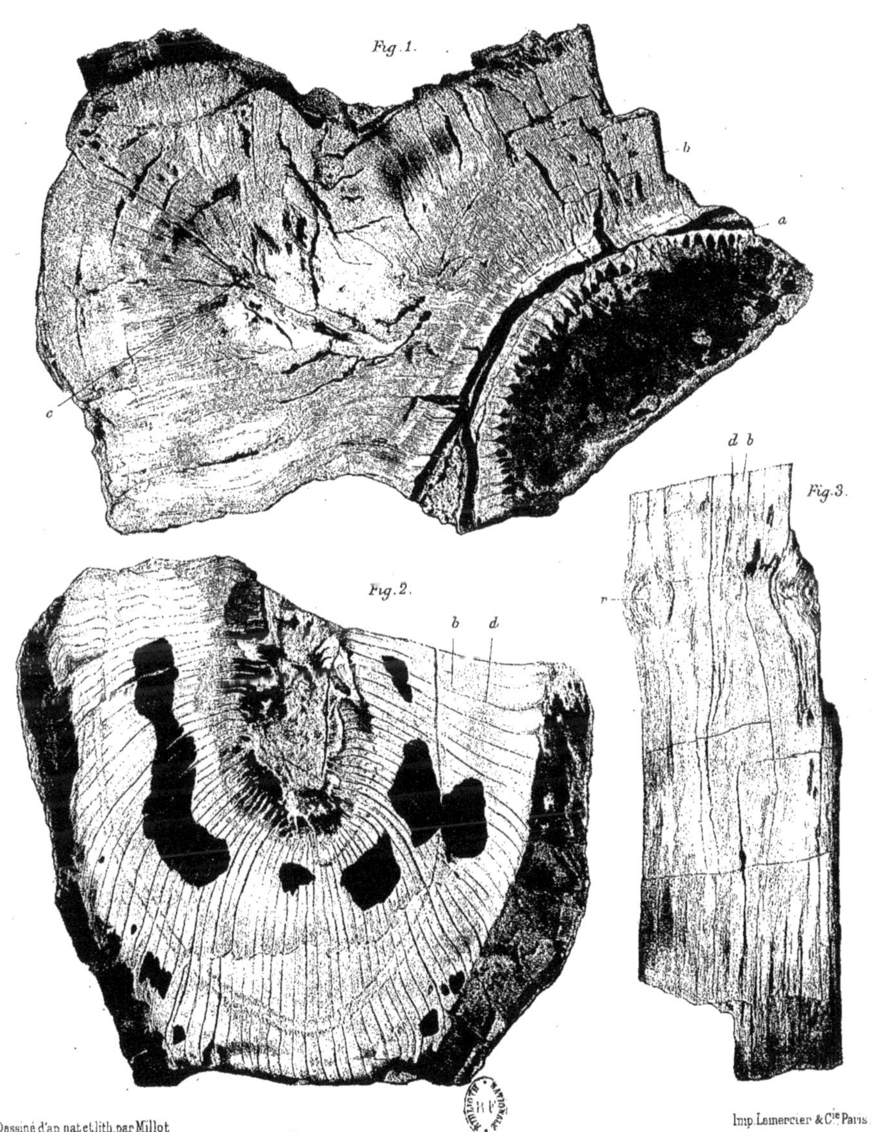

Dessiné d'ap nat et lith. par Millot

Imp. Lemercier & Cie Paris

PLANCHE XLV.

5.

PLANCHE XLV.

EXPLICATION DES FIGURES.

Fig. 1. — Coupe transversale d'*Arthropitus bistriata*, du Val d'Ajol, montrant les coins ligneux terminés en pointe aiguë et séparés par des bandes cellulaires allant du centre à la périphérie.

Fig. 2. — Échantillon silicifié du Champ de la Justice, près Autun, appartenant à la même espèce.

Fig. 3. — Portion du même échantillon réduite en plaque mince : *b*, coins ligneux atténués en pointe et munis d'une lacune aérienne à leur extrémité; *d*, lames cellulaires séparant les coins ligneux.

Fig. 4. — Coupe longitudinale tangentielle faite dans une région profonde du cylindre ligneux, intéressant un rameau, grossie cinq fois.

Fig. 5. — Une portion de la même, grossie dix fois : *b*, coins ligneux de la tige; *d*, lames cellulaires les séparant; *f*, cordon foliaire à l'aisselle duquel le rameau a pris naissance ; *l*, lacunes aériennes du cylindre ligneux du rameau.

Fig. 6. — Coupe tangentielle dirigée près de la périphérie; les rameaux des *Arthropitus* étant caducs, après leur chute le bois de la tige recouvrait peu à peu la cicatrice qu'ils avaient laissée : *b*, coins ligneux; *d*, lames cellulaires qui les séparent; *b'*, trachéides qui, en se détachant des coins ligneux, finissent par combler le vide dû à la chute du rameau; *f*, *f*, cordons vasculaires appartenant à un verticille foliaire.

Fig. 1.

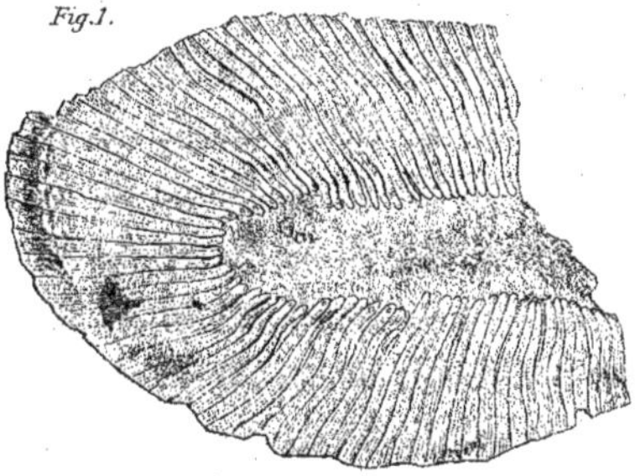

Fig. 6.

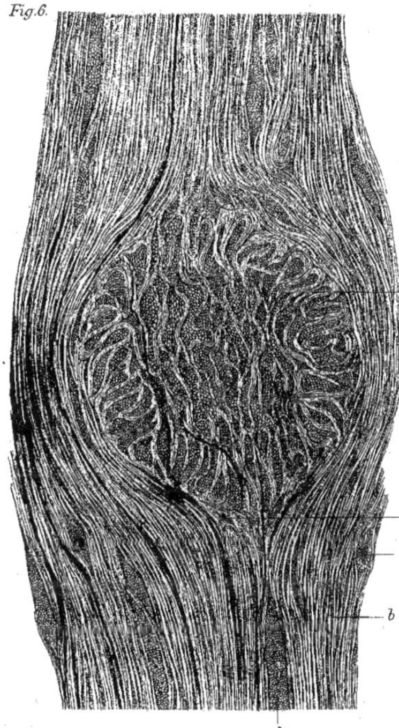

b

f

f

b

d

Fig. 5.

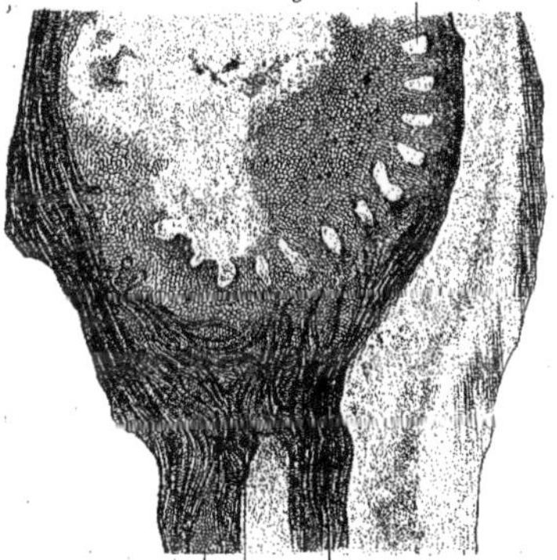

l

d f b

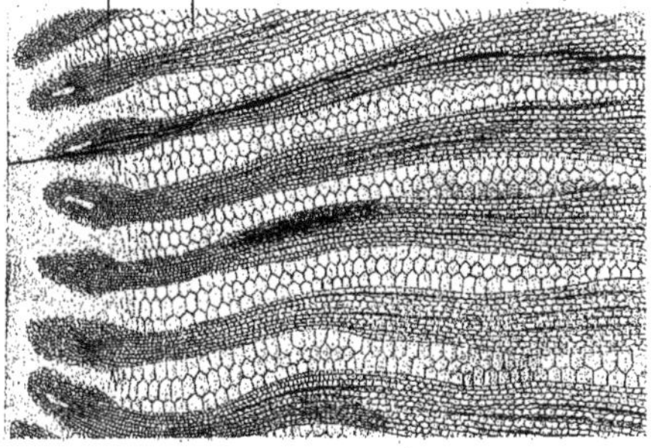

Fig. 4.

Fig. 2.

b d Fig. 3.

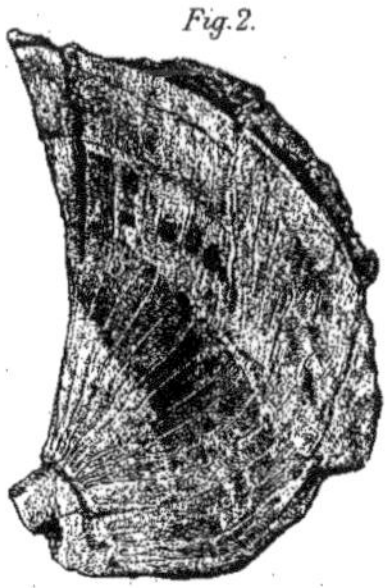

Dessiné d'ap. nat. et lith. par Millot.

Imp. Lemercier & Cie Paris

PLANCHE XLVI.

PLANCHE XLVI.

EXPLICATION DES FIGURES.

FIG. 1. — Vue extérieure d'une tige d'*Arthropitus bistriata* montrant plusieurs rangées successives de verticilles de rameaux *r r*, et les lames cellulaires *d* qui séparent les coins ligneux.

FIG. 2, 3 et 4. — Rameaux d'*Arthropitus bistriata*, var. *augustodunensis*, de différentes grandeurs.

FIG. 5. — Coupe transversale d'une partie de la Figure 4, plus grossie.

FIG. 6. — Portion de la région extérieure d'un rameau : *a*, extrémité périphérique du cylindre ligneux ; *b*, zone génératrice ; *c*, liber, formé d'éléments mous et de cellules grillagées ; *d*, zone corticale composée de parenchyme cellulaire, d'une assise subéreuse et d'épiderme.

FIG. 7. — Portion d'un jeune rameau, grossie : *b*, coin ligneux ; *d*, lame cellulaire séparant les coins ligneux ; *l*, lacune aérienne ; *g*, gaine entourant cette lacune ; *tr*, trachées formant l'extrémité du coin ligneux.

FIG. 8. — Coupe transversale d'un bois d'*Arthropitus bistriata* : *b*, trachéides du bois ; *d*, lame cellulaire séparant les coins ligneux ; *d'*, rayons médullaires ligneux.

FIG. 9. — Coupe tangentielle du même bois : *b*, trachéides du bois sans ornements sur les faces antérieures et postérieures ; *d*, rayons cellulaires séparant les coins de bois ; *d'*, rayon cellulaire ligneux.

FIG. 10. — Coupe radiale faite près de l'extrémité interne d'un coin ligneux ; *b*, trachéides rayées et réticulées du bois ; *l*, lacune aérienne ; *tr*, trachées déroulées adhérentes au bois secondaire ; *g*, cellules allongées à parois épaissies formant les parois de la lacune ; *d'*, rayons cellulaires ligneux composés de cellules rectangulaires plus hautes que larges.

PL. XLVI.

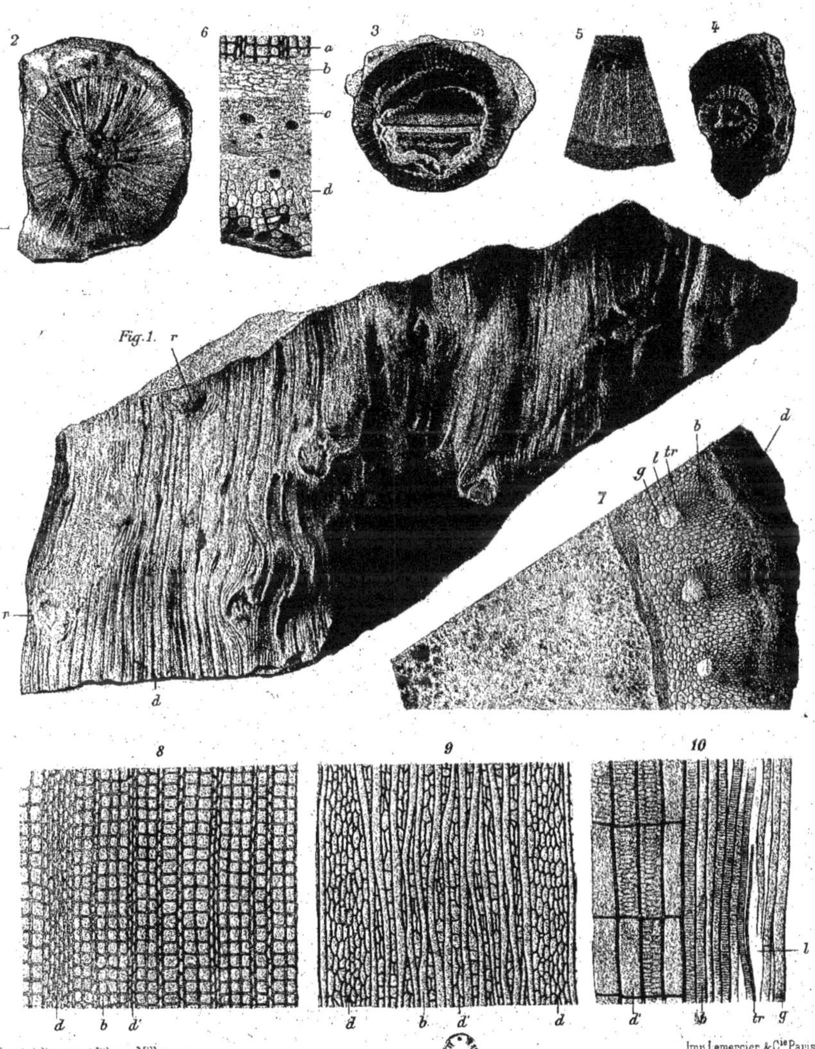

Dessiné d'ap. nat et lith par Millot

Imp Lemercier & Cie Paris

PLANCHE XLVII.

PLANCHE XLVII.

EXPLICATION DES FIGURES.

FIG. 1. — Coupe transversale d'un rameau d'*Arthropitus bistriata*, var. *augustodunensis*, montrant le cylindre ligneux composé de coins munis de lacunes et l'écorce en *c*. — Champ de la Justice.

FIG. 2. — Portion d'écorce, grossie : *b*, bois; *c*, zone génératrice; *l*, liber formé de parenchyme libérien et de tubes grillagés; *e*, bandes corticales hypodermiques; *d*, assises de cellules parenchymateuses alternant avec les bandes précédentes.

FIG. 3. — Coupe tangentielle de l'écorce : *d*, bandes hypodermiques; *d*, lames cellulaires intercalées.

FIG. 4. — Coupe longitudinale du liber : *l'*, parenchyme libérien; *l*, tubes grillagés du liber.

FIG. 5. — Coupe longitudinale d'un coin ligneux passant un peu en dehors de la lacune aérienne : *cl*, cloison existant à la hauteur de chaque articulation; *g*, cellules allongées formant la gaine qui entoure partiellement la lacune aérienne; *r*, rayon cellulaire ligneux; *t*, trachéides et trachées du coin ligneux près de la lacune.

FIG. 6. — Coupe longitudinale d'un coin ligneux passant par une lacune aérienne : *l*, lacune; *g*, sa gaine; *tr*, trachées déroulées et adhérentes au côté interne du coin ligneux; *f*, faisceau vasculaire d'une feuille.

FIG. 7. — Coupe tangentielle d'un bois d'*Arthropitus bistriata* : *b*, coin ligneux; *r*, lame cellulaire qui sépare les coins ligneux; *o*, organes adventifs formés de cellules vasiformes, ponctuées, allongées radialement; *f*, faisceaux foliaires.

FIG. 8. — Portion de la même, plus grossie : *b*, trachéides ligneuses; *b'*, rayons cellulaires ligneux; *r*, lames cellulaires qui séparent les coins ligneux; *f*, faisceau se dirigeant vers les feuilles; *o*, organes adventifs aquifères.

FIG. 9. — Portion du tissu composant les organes précédents, formés de cellules allongées dans le sens des rayons et dont les parois portent des ornements ponctués.

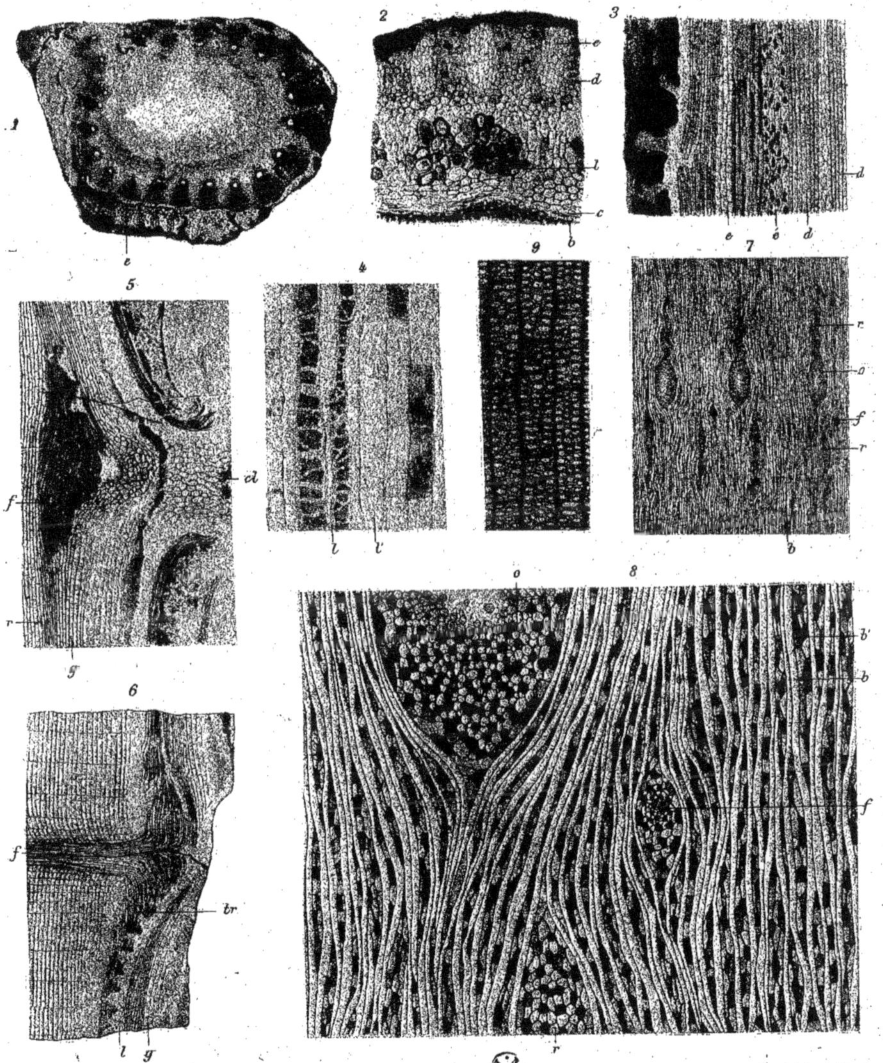

PL. XLVII.

Dessiné d'ap. nat. et lith. par Millot

Imp. Lemercier & Cie Paris

PLANCHE XLVIII.

IMPRIMERIE NATIONALE.

PLANCHE XLVIII.

EXPLICATION DES FIGURES.

Fig. 1. — Coupe transversale d'*Arthropitus communis*, Binney.

Fig. 2. — Portion de la même, plus grossie : *b*, coins ligneux ; *c*, zone génératrice ; *l*, liber composé de parenchyme libérien et de cellules grillagées, le liber forme des bandes à section lunulée en face de chaque coin ligneux ; *e*, écorce en grande partie formée de cellules parenchymateuses ; *d*, région subéreuse ; *la*, lacune aérienne.

Fig. 3. — Section longitudinale radiale d'un coin ligneux : *la*, lacune aérienne ; *b*, trachéides rayées du bois ; *b'*, rayons médullaires ligneux ; *c*, zone génératrice ; *l*, parenchyme libérien et cellules grillagées ; *e*, partie parenchymateuse de l'écorce ; *d*, région subéreuse.

Fig. 4. — Coupe tangentielle pratiquée à l'extrémité interne des coins ligneux : *b*, trachéides rayées du bois ; *b'*, rayons cellulaires ligneux ; *r*, lames cellulaires séparant les coins de bois.

Fig. 5. — Coupe longitudinale d'*Arthropitus communis* d'Angleterre donnée, par M. Binney, et passant par une articulation.

Fig. 6. — Section transversale d'une portion de l'échantillon précédent : *b*, coins ligneux ; *l*, lacune ; *r*, lames cellulaires rapidement décroissantes séparant les coins ligneux.

Fig. 7. — Coupe longitudinale radiale : *b*, trachéides rayées du bois ; *b'*, rayons cellulaires ligneux.

PL. XLVIII

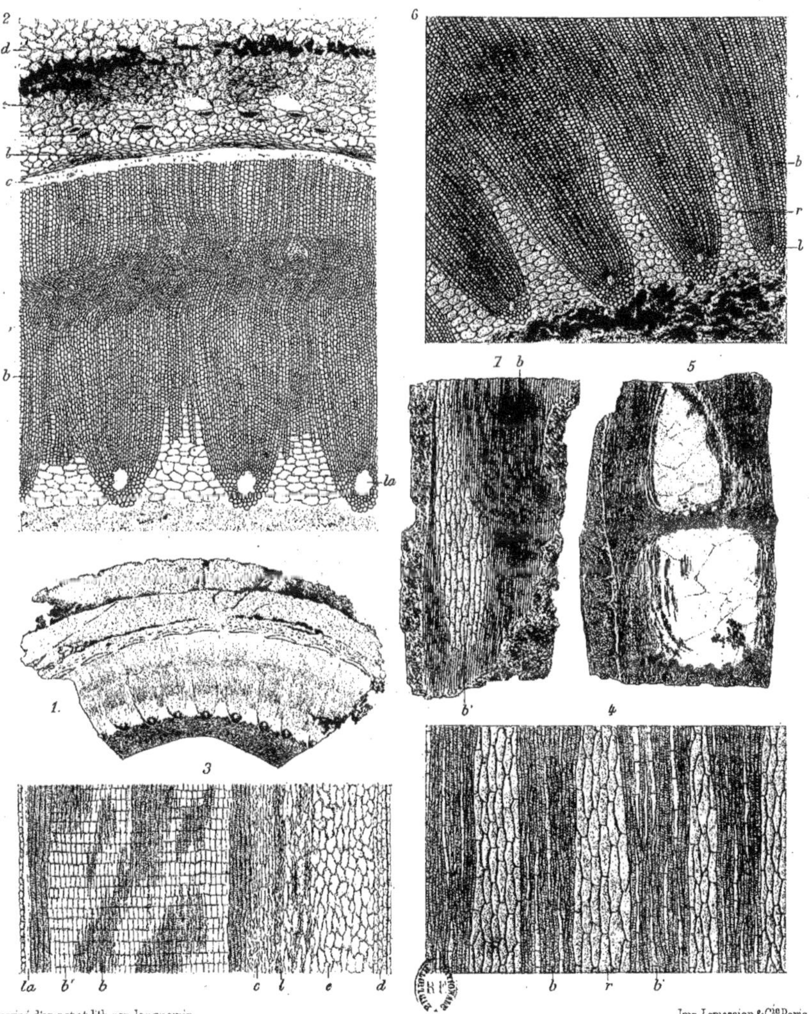

Dessiné d'ap. nat et lith. par Jacquemin

Imp. Lemercier & Cie Paris

PLANCHE XLIX.

PLANCHE XLIX.

EXPLICATION DES FIGURES.

FIG. 1. — Portion de tronc d'*Arthropitus gigas*, de Dracy-Saint-Loup, près Autun, montrant trois articulations, réduite de moitié.

FIG. 2. — Base de tige d'*Arthropitus gigas*, du Foulon, près Autun.

FIG. 3. — Portion de la même tige, prise un peu au-dessus de la base. Les organes aquifères sont placés au-dessous des articulations et à la partie supérieure des lames cellulaires séparant les coins ligneux.

FIG. 4. — Portion de tige d'*Arthropitus gigas*, Brongniart (sp.). — Terrain permien de la vallée de la Dioma (Russie).

PL.XLIX.

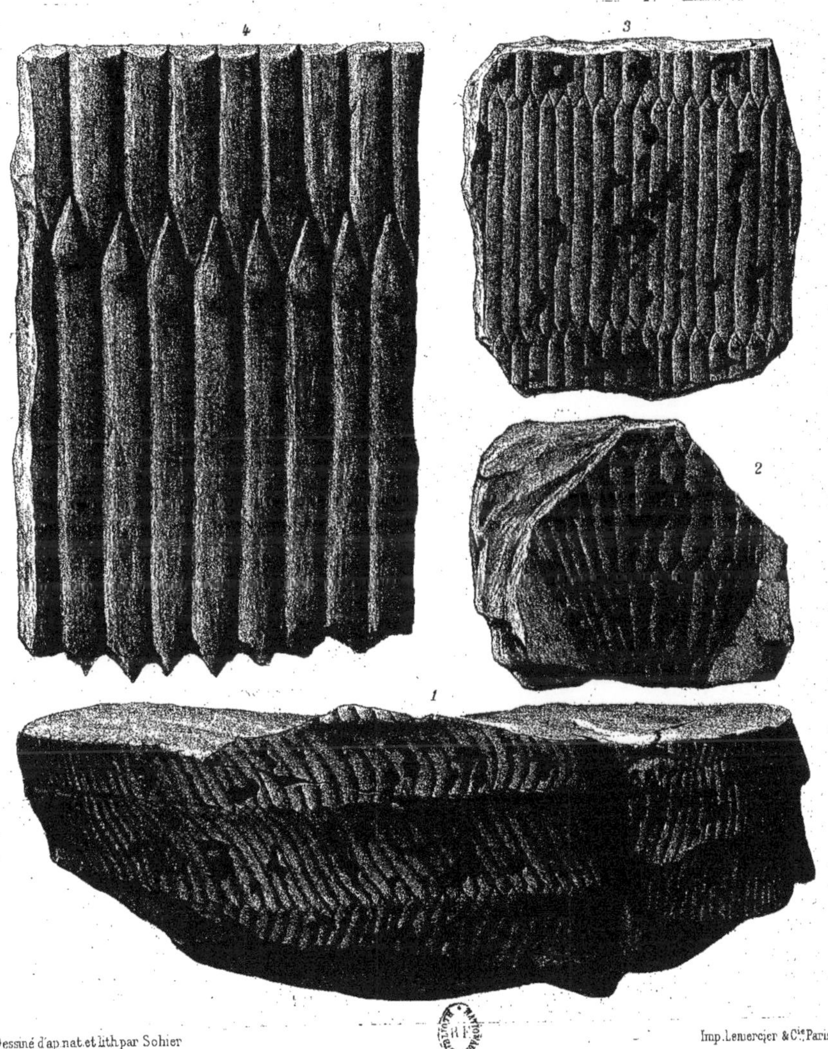

Dessiné d'ap.nat.et lith.par Sohier

Imp. Lemercier & Cie Paris

PLANCHE L.

PLANCHE L.

EXPLICATION DES FIGURES.

Fig. 1. — Coupe transversale d'une portion de tige d'*Arthropitus gigas* silicifié, du Champ des Borgis.

Fig. 2. — Une portion de la même, plus grossie : *b*, coins ligneux; *b'*, rayons cellulaires ligneux; *t*, trachées placées à l'extrémité des coins ligneux, ces derniers ne sont pas munis de lacunes; *r*, rayons cellulaires séparant les coins ligneux.

Fig. 3. — Coupe longitudinale radiale passant par l'extrémité d'un coin de bois : *m*, moelle; *t*, trachées déroulées occupant l'extrémité du bois secondaire; *b"*, trachéides rayées; *b*, trachéides à ponctuations aréolées disposées sur plusieurs rangées, sur les faces latérales des trachéides; *b'*, rayon cellulaire ligneux.

Fig. 4. — Coupe tangentielle polie, passant près de l'extrémité des coins ligneux et montrant les larges lames cellulaires qui les séparent.

Fig. 5. — Préparation d'une portion de la coupe précédente, grossie : *b*, trachéides ligneuses ne portant pas de ponctuations sur les faces interne et externe; *b'*, rayons cellulaires ligneux composés en épaisseur d'une ou plusieurs rangées de cellules; *r*, lame cellulaire séparant les coins ligneux.

Fig. 6. — Coupe tangentielle faite plus profondément dans le bois et passant par une articulation : *b*, coins ligneux se bifurquant à l'articulation; *r*, larges lames cellulaires séparant les coins ligneux et traversées par des trachéides qui s'en détachent.

Fig. 7. — Coupe tangentielle plus grossie passant par une articulation munie d'organes aquifères : *b*, coins et rayons cellulaires ligneux; *r*, lames cellulaires; *o*, organes aquifères placés à l'extrémité supérieure des lames formant les coins ligneux, et traversés par des trachéides qui viennent se mettre en rapport avec les cellules poreuses qui les composent.

PL. L

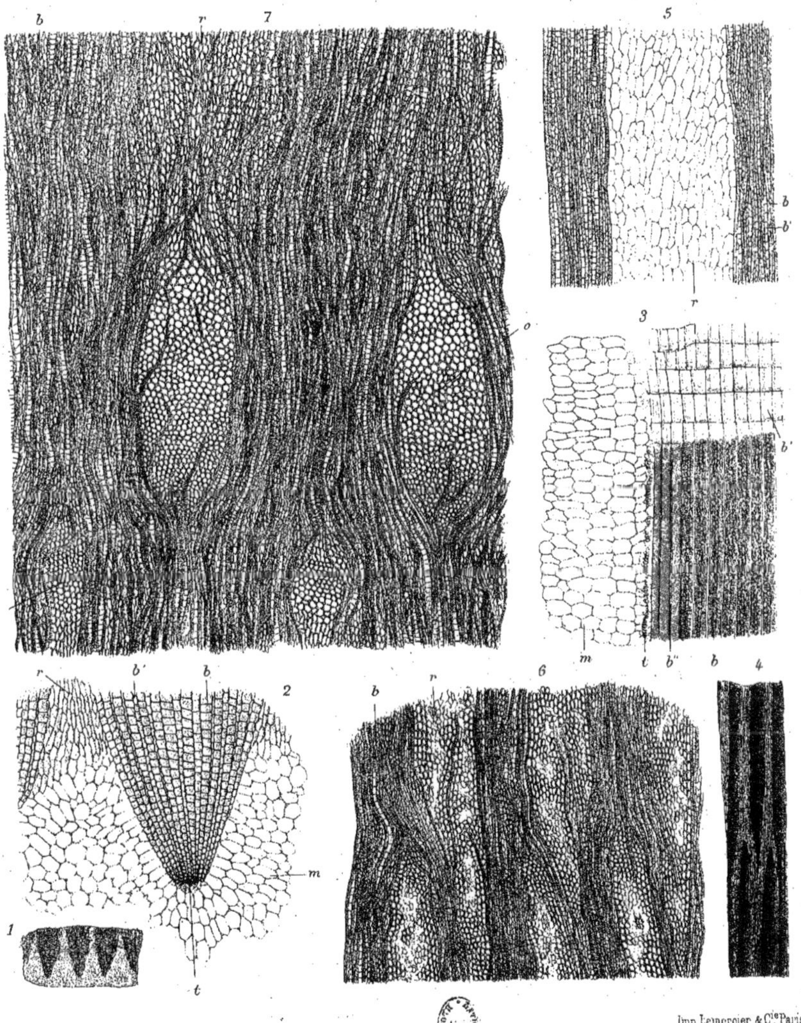

Dessiné d'ap. nat. et lith. par Schier

Imp. Lemercier & Cie Paris

PLANCHE LI.

PLANCHE LI.

EXPLICATION DES FIGURES.

Fig. 1. — Base de tige d'*Arthropitus gigas* silicifié, du Champ des Espargeolles, près Autun.

Fig. 2. — Coupe longitudinale passant par un organe aquifère : *b*, trachéides ponctuées du bois; *o*, cellules rectangulaires disposées en files radiales, les ornements ponctués ne sont plus visibles dans la préparation.

Fig. 3. — Coupe transversale faite dans un fragment de houille d'*Arthropitus gigas;* les trachéides ont leurs parois plissées, les bandes cellulaires qui séparent les coins de bois se détachent sous la forme de lames plus claires.

Fig. 4. — Coupe longitudinale radiale d'un fragment de houille d'*Arthropitus gigas*, grossie deux cents fois.

Fig. 5. — Section tangentielle d'une base de tige d'*Arthropitus gigas* : *b*, coins ligneux; *r*, lames cellulaires qui les séparent; *ra*, racine adventive coupée transversalement.

Fig. 6. — Coupe tangentielle d'une portion de coin ligneux.

Fig. 7. — Coupe longitudinale d'une racine adventive : *b*, trachéides ponctuées du cylindre ligneux secondaire; *t*, trachéides du bois primaire; *c*, bois primaire; *m*, moelle; *ra*, radicelle se détachant de la racine principale.

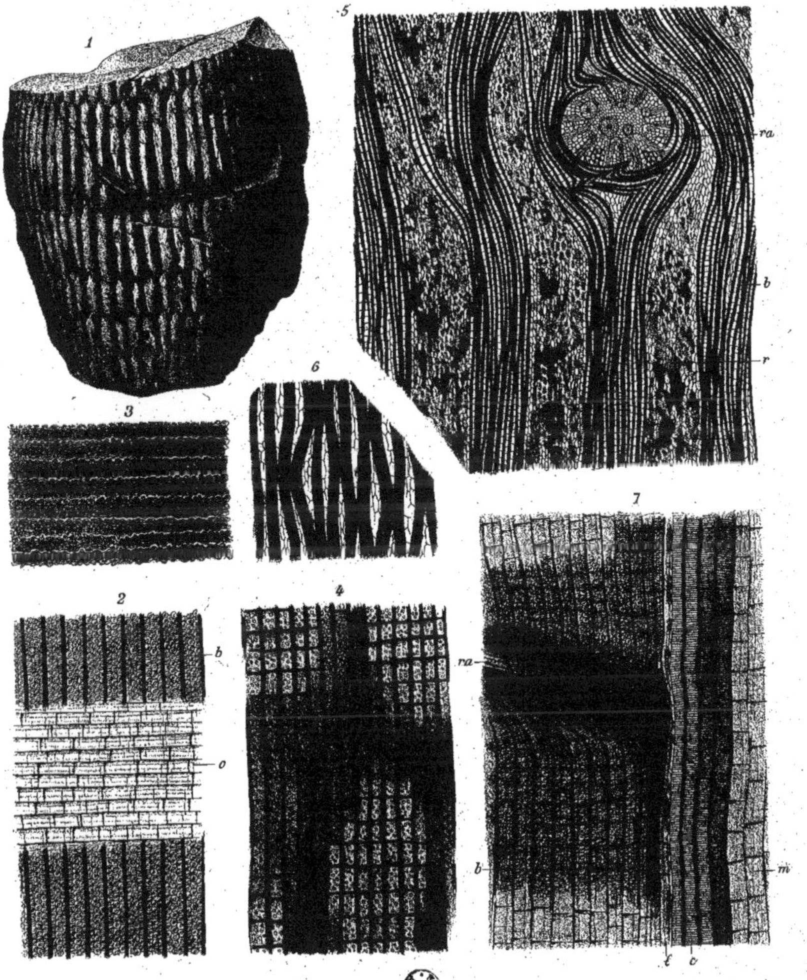

PL. LI

Dessiné d'ap. nat. et lith. par Sohier

Imp. Lemercier & Cie Paris.

PLANCHE LII.

IMPRIMERIE NATIONALE.

PLANCHE LII.

EXPLICATION DES FIGURES.

Fig. 1. — Vue extérieure d'une portion de tige d'*Arthropitus Rochei*, B. R.

Fig. 2. — Section polie de l'échantillon précédent qui a subi une déformation très apparente ayant déterminé en plusieurs points la séparation et le plissement des coins ligneux. (Collection Roche.)

Fig. 3. — Un des coins ligneux muni d'une lacune aérienne, recourbé à son extrémité.

Fig. 4. — Coupe transversale d'*Arthropitus porosa*, B. R., du Champ des Borgis : *b*, lames ligneuses formées de trachéides ponctuées; *b'*, rayons cellulaires ligneux dont les éléments portent des ponctuations sur les parois (ces ponctuations manquent dans le dessin).

Fig. 5. — Section longitudinale d'un coin ligneux montrant les trachéides ponctuées du bois et les rayons cellulaires ligneux.

Fig. 6. — Trachéides ligneuses prises dans la région du coin ligneux située du côté de la moelle : *b*, trachéides ponctuées; b_1, trachéides réticulées suivies de trachéides rayées.

Fig. 7. — Coupe tangentielle passant par une articulation, montrant les coins ligneux et les bandes cellulaires qui les séparent.

Fig. 8. — Une portion de la même, plus grossie : *b*, trachéides ligneuses; *b'*, rayons cellulaires ligneux; *o*, organes adventifs aquifères; *r*, bande vasculaire dont le plan est vertical et rappelle un faisceau ligneux primaire de racine bicentre.

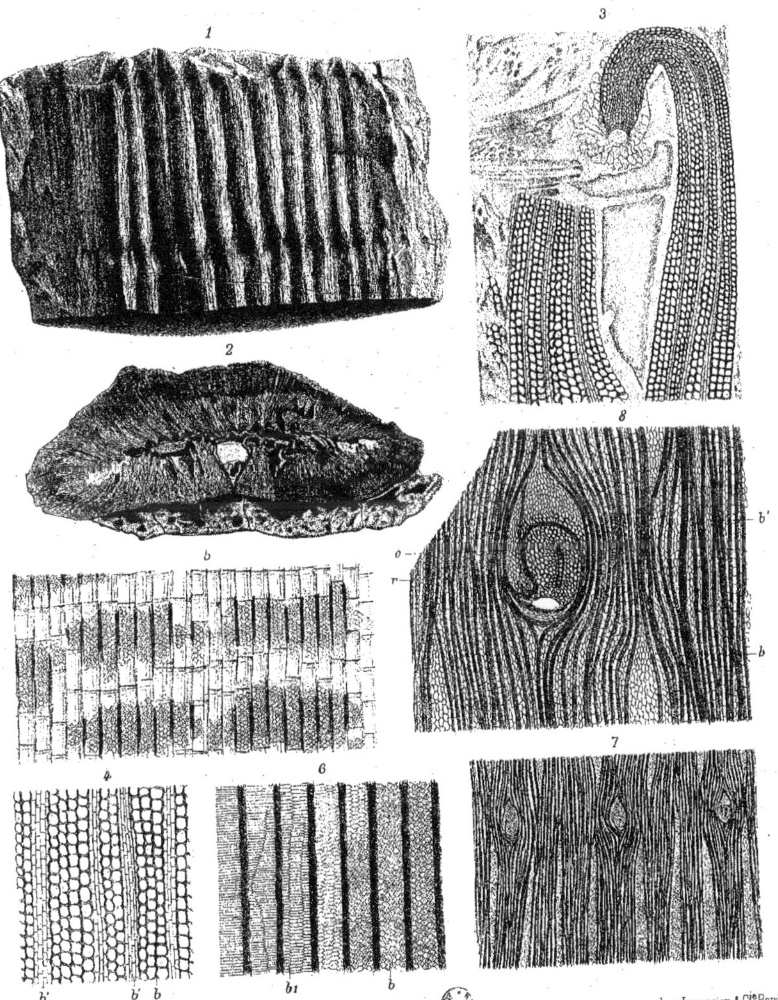

Dessiné d'ap. nat. et lith. par Sohier.

Imp. Lemercier & Cie Paris.

PLANCHE LIII.

PLANCHE LIII.

EXPLICATION DES FIGURES.

Fig. 1. — Section transversale polie d'*Arthropitus lineata* du Champ des Borgis (collection de M. Roche) : *a*, cylindre ligneux; *r*, racines qui s'en détachent.

Fig. 2. — Le même échantillon, vu en dessous : *a*, cylindre ligneux; *r*, *r*, racines qui se sont écartées du cylindre ligneux.

Fig. 3. — Portion interne du cylindre ligneux; les coins de bois sont terminés par une lacune aérienne *l*.

Fig. 4. — Section d'un autre échantillon de la même espèce, scié et poli, du Champ des Borgis.

Fig. 5. — Portion interne du cylindre ligneux d'une des racines de l'échantillon Figure 1 : *a*, bois secondaire, rayonnant, extérieur; *b*, bois centripète *terminant* les coins de bois.

Fig. 6. — Section transversale polie d'une racine de la même espèce. (Collection du Muséum.)

Fig. 7. — Portion du cylindre ligneux du même échantillon : *a*, bois secondaire; *b*, bois centripète; *c*, moelle.

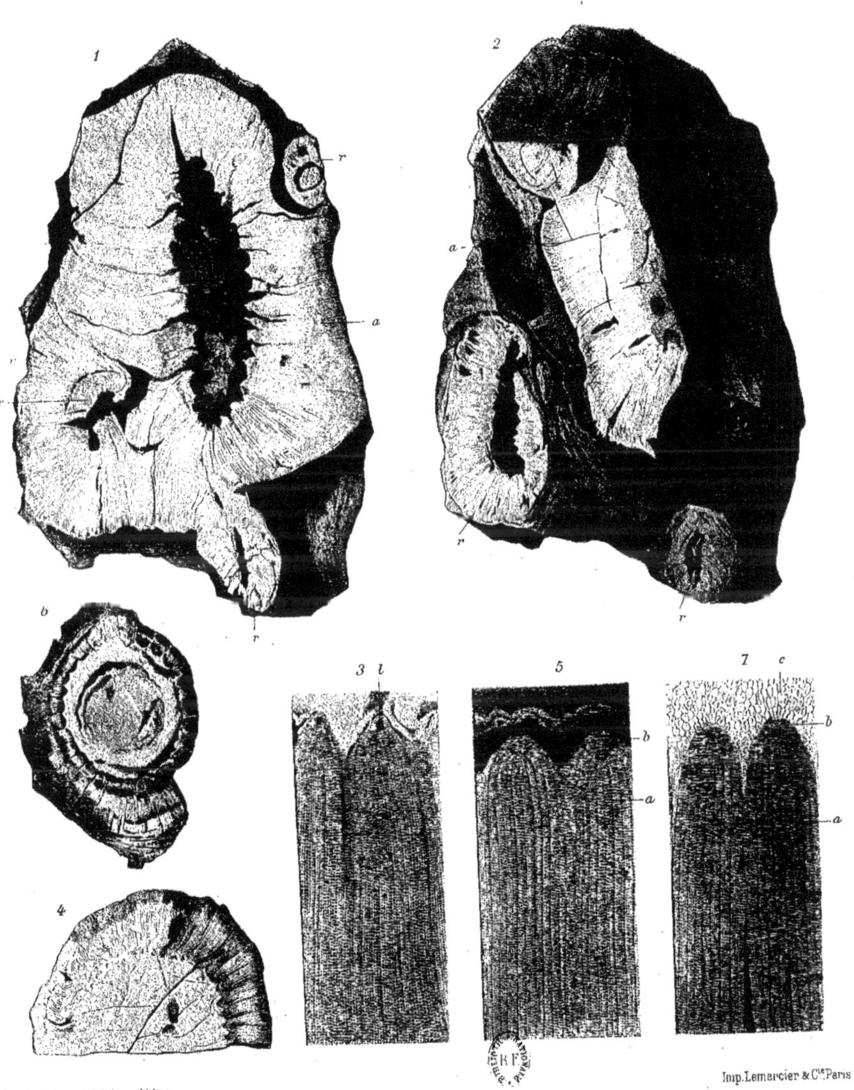

Dessiné d'ap. nat. et lith par Millot.

Imp. Lemercier & Cie Paris

PLANCHE LIV.

PLANCHE LIV.

EXPLICATION DES FIGURES.

Fig. 1. — Portion de tige d'*Arthropitus medullata*, B. R., montrant un verticille de dix rameaux, provenant du Champ des Borgis.

Fig. 2. — Section transversale d'une tige de la même espèce; même provenance.

Fig. 3. — Section transversale d'une tige semblable, plus grosse, mais aplatie.

Fig. 4. — Vue extérieure d'une base de tige d'*Arthropitus medullata* munie d'une racine : *a*, tige; *r*, grosse racine.

Fig. 5. — Coupe transversale d'un autre échantillon scié et poli.

Fig. 6. — Coupe transversale d'un échantillon fendu par son milieu.

Fig. 7. — Le même, montrant les articulations d'inégale hauteur, vu du côté de la moelle.

Fig. 8. — Moulage de la cavité médullaire.

Fig. 9. — Empreinte de *Calamites varians*; à droite et à gauche du moulage de la moelle on voit une couche de houille représentant le cylindre ligneux dont l'épaisseur dépasse 1 centimètre. — Saint-Étienne.

PL. LIV.

dessiné d'ap. nat et lith par Jacquemin

Imp. Lemercier, Paris.

PLANCHE LV.

PLANCHE LV.

EXPLICATION DES FIGURES.

Fig. 1. — Portion de tronc d'*Arthropitus medullata* dépourvu du liber et de l'écorce; la surface du bois est mamelonnée et présente les traces plus ou moins apparentes de nombreux appendices irrégulièrement placés.

Fig. 2. — Coupe tangentielle faite dans le bois d'un *A. medullata* à la hauteur d'une articulation : *r*, rameau coupé transversalement, on distingue les lacunes aériennes qui environnent la moelle; *f*, faisceau foliaire placé dans le même plan vertical que le rameau.

Fig. 3. — Coupe tangentielle faite dans le bois d'*A. medullata*, intéressant une racine : *f*, faisceau multipolaire plein du bois centripète; *a*, trachéides du bois secondaire de la racine; *b*, rayons cellulaires ligneux.

Fig. 4. — Coupe tangentielle de la même racine faite plus près de la surface. Le cylindre centripète, plus volumineux, s'est creusé au centre d'une cavité médullaire.

Fig. 5. — Stolon (?) d'*A. medullata*, portion centrale : *m*, *m*, rayons médullaires séparant les coins ligneux; *f*, bois centripète; *a*, trachéides ligneuses portant des ornements rayés; *b*, rayons cellulaires ligneux du bois secondaire.

Fig. 6. — Coupe transversale d'une portion de tige d'*A. medullata* : *a*, trachéides du bois secondaire; *b*, rayons cellulaires ligneux; *z*, zone cambiale; *g*, tubes grillagés, dont quelques-uns, hypertrophiés, sont devenus des réservoirs à gomme; *l*, parenchyme libérien; *c*, parenchyme cortical.

Fig. 7. — *c*, parenchyme cortical; *g'*, canaux gommeux; *s*, suber.

Fig. 8. — Coupe tangentielle du bois d'*A. medullata* : *a*, trachéides ligneuses rayées; *b*, rayons cellulaires très épais qui les séparent et rendent leur course sinueuse.

PL. LV.

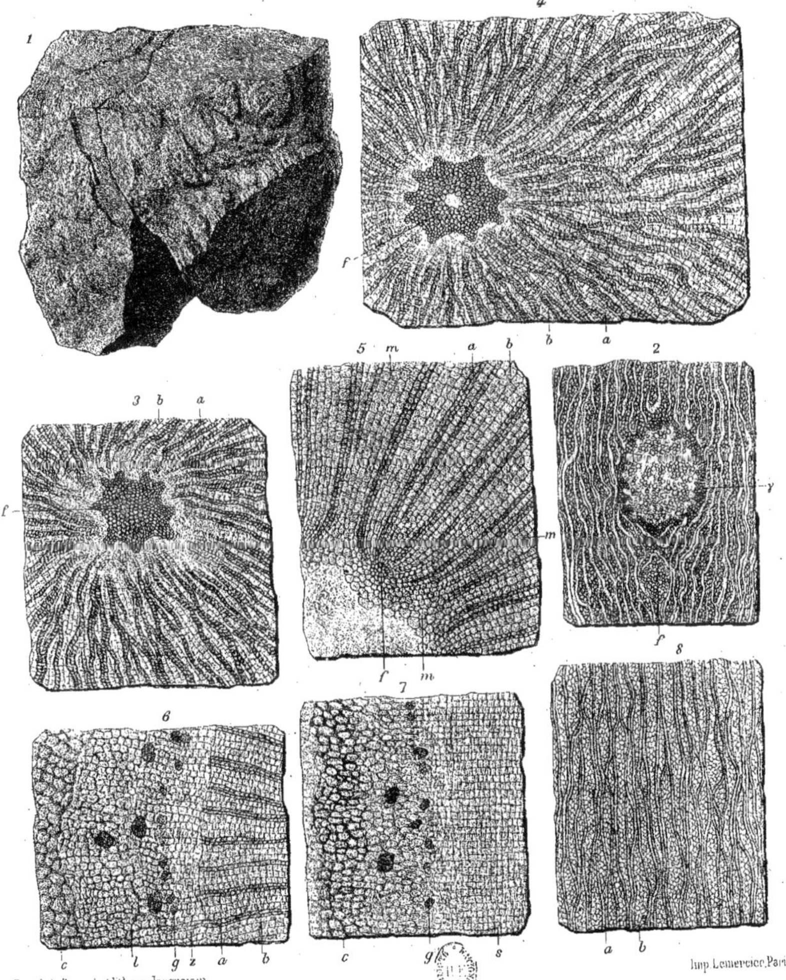

Dessiné d'ap. nat. et lith. par Jacquemin

Imp. Lemercier, Paris

PLANCHE LVI.

PLANCHE LVI.

EXPLICATION DES FIGURES.

Fig. 1. — Portion basilaire de tronc silicifié d'*Arthropitus*, fendu longitudinalement, montrant la disposition rayonnante des trachéides du bois, qui se recourbent vers la surface. (Collection Roche.)

Fig. 2. — Le même échantillon, vu de côté, et montrant en *a* l'aspect de la surface où aboutissent ces trachéides recourbées.

Fig. 3. — Une portion de cette surface, grossie quarante fois.

Fig. 4. — Portion de stolon d'*Arthropitus* avec des branches latérales qui s'en détachent. — Champ des Borgis.

Fig. 5. — Section transversale d'un stolon encore muni de son écorce : *b*, couronne peu épaisse formée de coins ligneux; *c*, écorce lacuneuse.

Fig. 6. — *m*, moelle; *b*, bois rayonnant secondaire centrifuge; *b'*, bois primaire centripète; *l*, liber; *en*, endoderme; *g*, canaux gommeux; *cl*, cloisons rayonnantes divisant la région moyenne de l'écorce en grandes lacunes irrégulières; *l'*, lacunes aériennes; *p*, parenchyme cortical; *s*, couche subéreuse extérieure présentant des cannelures longitudinales superficielles.

Fig. 7. — *b*, bois secondaire; *l*, liber; *en*, endoderme; *g*, canaux gommeux; *cl*, cloisons formant les lacunes corticales; *p*, parenchyme cortical; *s*, région subéreuse.

PL. LVI

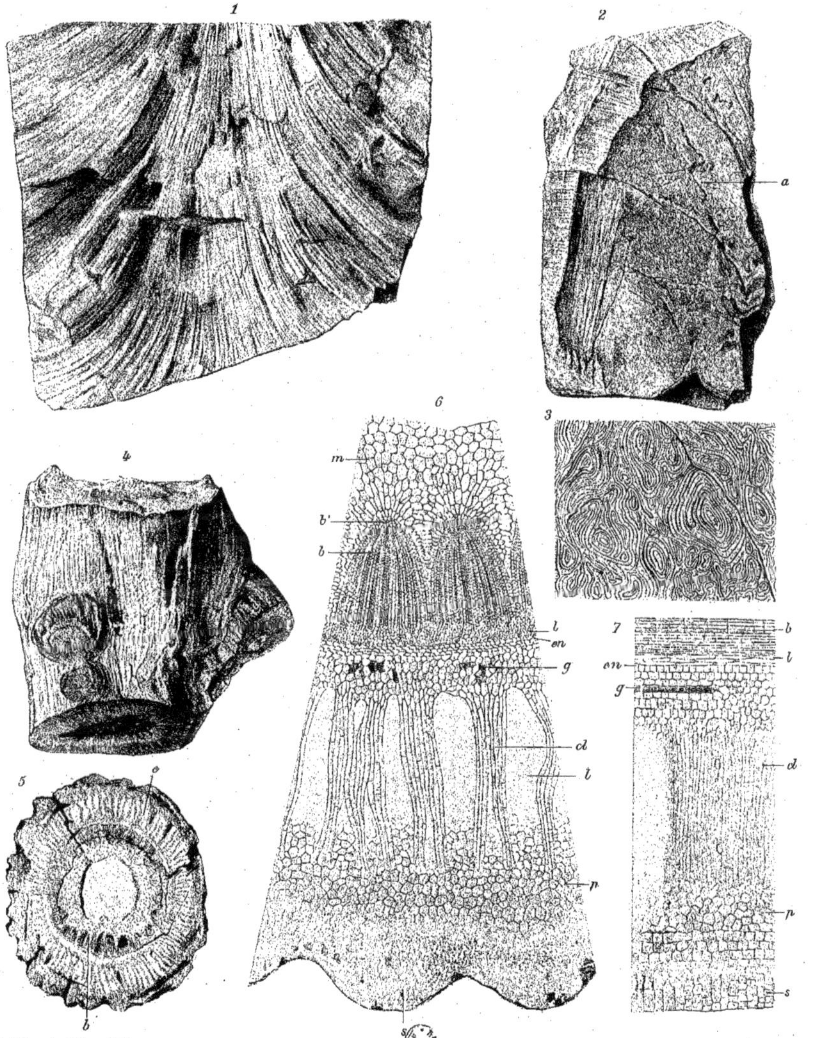

Dessiné d'ap. nat. et lith. par Millot

Imp. Lemercier, Paris

PLANCHE LVII.

PLANCHE LVII.

EXPLICATION DES FIGURES.

Fig. 1. — Coupe transversale d'un stolon d'*Arthropitus* faite près de la moelle : *m*, moelle à gros éléments de couleur et de dimensions variables; *b'*, bois centripète; *b*, bois rayonnant centrifuge; *a*, rayon cellulaire ligneux; *m'*, rayon médullaire épais séparant les coins ligneux.

Fig. 2. — Coupe longitudinale radiale passant par un coin ligneux : *m*, moelle formée de grands éléments à section rectangulaire disposés par files verticales; *m''*, cellules de la moelle qui s'allongent et forment une sorte de gaine autour du bois centripète; *b'*, bois primaire centripète, dont les éléments s'agrandissent en se rapprochant du centre; *tr*, groupe de trachées placées entre les deux bois; *a*, trachéides rayées du bois secondaire.

Fig. 3. — Coupe tangentielle d'une portion de coins ligneux : *a*, rayon cellulaire ligneux; *b*, trachéides à parois lisses, figurées rayées par erreur.

Fig. 4. — Coupe transversale d'un autre stolon : *b*, coins ligneux; *b'*, bois centripète; *p*, racine incluse dans la moelle : le faisceau lunulé rappelle les racines adventives des Lycopodiacées, mais sur le côté convexe plusieurs centres trachéens de différents âges se préparent à se détacher successivement.

Fig. 5. — Coupe transversale d'une autre espèce de stolon : *b*, coins ligneux; *cl*, cloisons formées d'une seule rangée de cellules en épaisseur; *l*, lacune.

Fig. 6. — Coupe tangentielle faite dans la région corticale lacuneuse du même : *cl*, cloisons simples formant dans le sens vertical un réseau à mailles allongées dont les intervalles sont encore remplis dans certaines régions d'un tissu cellulaire *e*, fin et délicat.

Fig. 7. — Coupe longitudinale passant par un coin ligneux : *m*, moelle dont les éléments s'allongent autour de l'extrémité des coins ligneux en diminuant de diamètre et forment une sorte de gaine; *b'*, bois centripète; *b*, bois centrifuge composé de trachéides rayées séparées par des rayons ligneux dont les cellules sont plus hautes que larges; *r*, radicelle dont l'origine se trouve entre les deux bois.

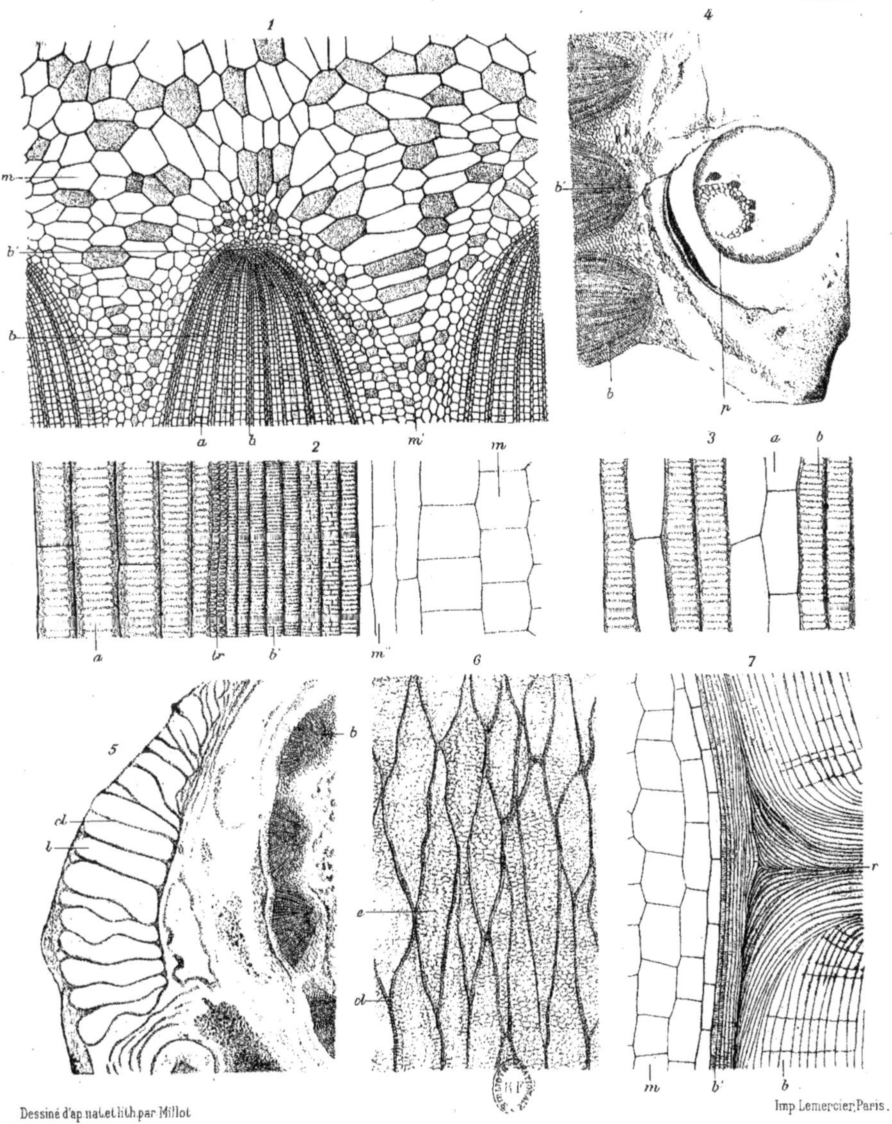

Dessiné d'ap. nat. et lith. par Millot

Imp. Lemercier, Paris.

PLANCHE LVIII.

PLANCHE LVIII.

EXPLICATION DES FIGURES.

Fig. 1. — Section transversale polie de *Calamodendron striatum*, Brongniart : *a*, coins ligneux; *b*, gaine parenchymateuse entourant le coin ligneux — Champ des Borgis.

Fig. 2. — Section transversale d'un autre échantillon de *Calamodendron striatum* : *b*, cylindre ligneux aplati; *r*, *r*, rameaux disposés en verticille sur une articulation. — Margennes, près Autun.

Fig. 3. — Très jeune rameau, vu en coupe transversale : *m*, moelle; *l*, lacunes aériennes renfermant quelques trachées; le bois secondaire commence à se montrer en quelques points de la périphérie; *e*, écorce entièrement cellulaire limitée par une couche mince de suber.

Fig. 4. — Coupe transversale d'une portion du cylindre ligneux de *Calamodendron striatum* : *a*, bois secondaire formé de trachéides *rayées*; *b*, gaine parenchymateuse tapissant les faces latérales des coins ligneux; *m*, rayon médullaire séparant du centre à la périphérie les coins ligneux; *l*, lacune généralement vide du côté de la moelle et limitée par une gaine de cellules allongées prismatiques; des trachées, *tr*, sont accolées au bois secondaire du côté externe de la lacune.

Fig. 5. — Coupe tangentielle du bois secondaire : *bb*, lames parenchymateuses formant une gaine au bois proprement dit; *m*, rayon médullaire séparant deux coins ligneux; *a*, trachéides rayées vues tangentiellement; *m'*, rayons cellulaires ligneux séparant les trachéides et formés de cellules plus hautes que larges.

PL. LVIII.

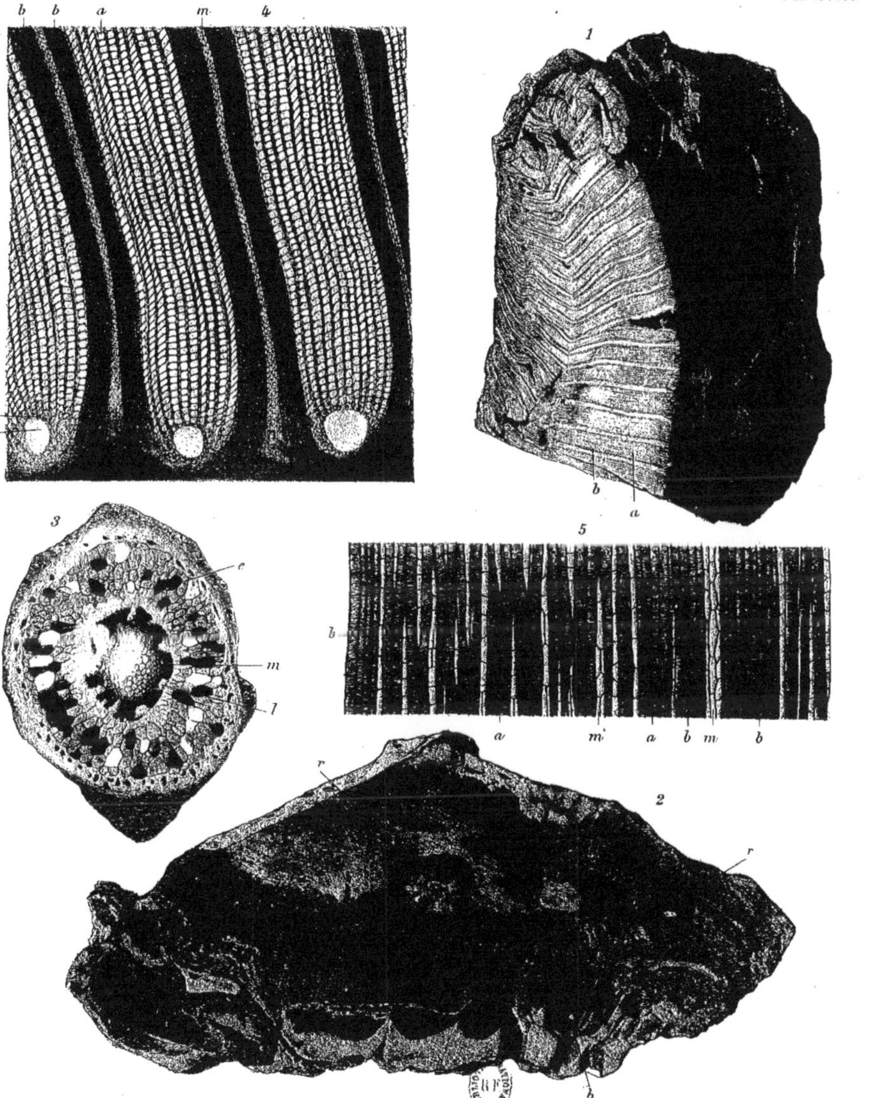

Dessiné d'ap.nat.et lith.par Millot

Imp.Lemercier, Paris.

PLANCHE LIX.

PLANCHE LIX.

EXPLICATION DES FIGURES.

Fig. 1. — Coupe oblique longitudinale de *Calamodendron congenium* intéressant deux coins ligneux et leur gaine parenchymateuse : *a*, *a'*, partie ligneuse de deux coins contigus; *b*, *b'*, deux bandes parenchymateuses appartenant respectivement à ces deux coins ligneux; *m*, rayon médullaire qui les sépare. Les trachéides du bois sont ponctuées sur leurs faces latérales.

Fig. 2. — Coupe transversale de *Calamodendron intermedium* : *a*, *a*, coins ligneux; *b*, *b*, *b'*, *b'*, bandes parenchymateuses qui les accompagnent; *m*, rayons médullaires qui séparent les coins ligneux; *l*, *l*, lacunes; *tr*, trachées qui bordent l'extrémité interne du coin ligneux; *g*, gaine limitant la lacune du côté de la moelle.

Fig. 3. — Trachéides rayées et ponctuées qui forment le bois.

Fig. 4. — Coupe tangentielle faite dans une tige de *Calamodendron congenium* et passant par un stolon encore inclus : *a*, *a*, lames ligneuses formées de trachéides ponctuées; *b*, *b*, lames parenchymateuses du coin de bois de la tige; *m*, moelle du stolon; *c*, *c'*, coin ligneux; *c*, bois secondaire centrifuge; *c'*, bois centripète.

Fig. 5. — Coupe transversale d'un stolon : *ep*, épiderme; *s*, assise subéreuse, les cellules sont occupées par un *mycelium* coriace de champignon; *f*, *f'*, deux cylindres ligneux inclus.

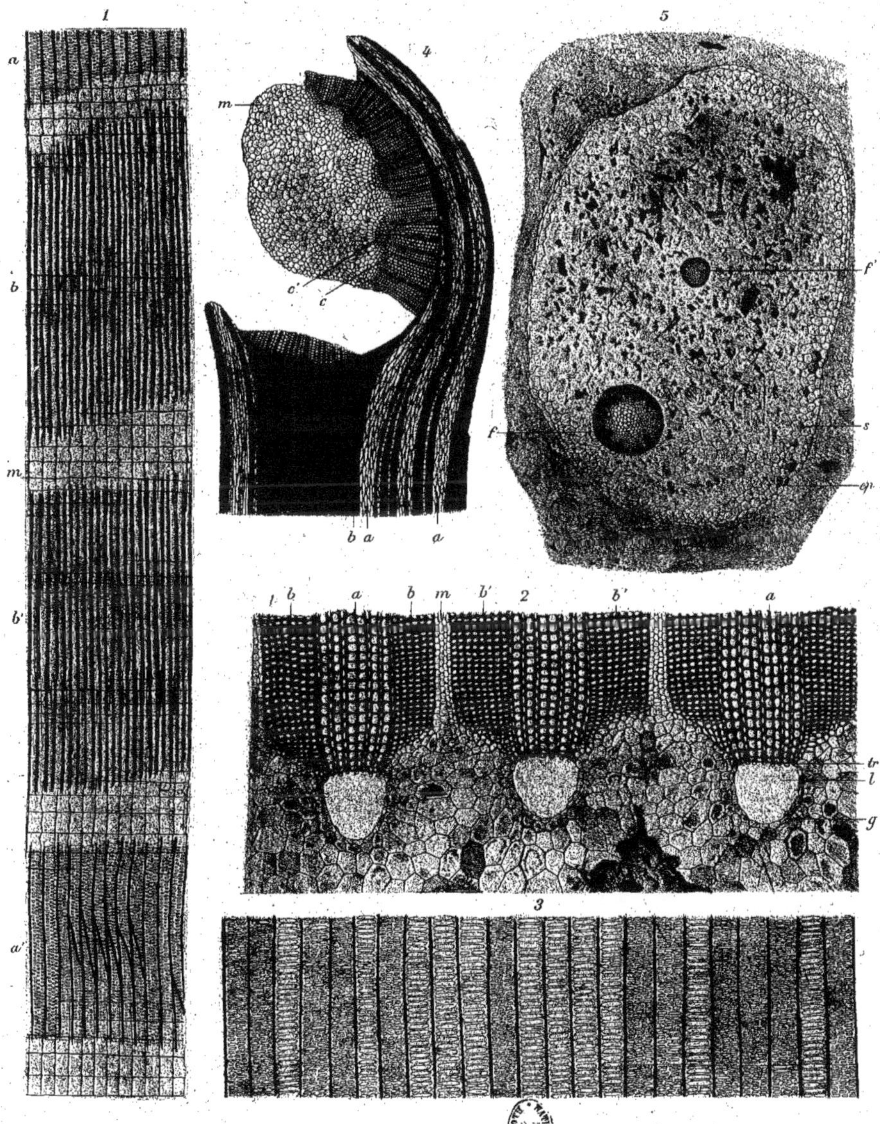

Dessiné d'ap.nat.et lith.par Millot

Imp.Lemercier,Paris

PLANCHE LX.

PLANCHE LX.

EXPLICATION DES FIGURES.

FIG. 1. — Coupe tangentielle faite dans l'écorce d'une racine (stolon) de *Calamodendron* : *r*, *r'*, radicelles secondaires; *l*, lacunes corticales; *s*, couche de liège dont les cellules sont garnies de nombreux *mycelium*; *e*, épiderme.

NOTA. — La figure doit être vue renversée.

FIG. 2. — Coupe transversale du même échantillon : *a*, cylindre ligneux formé de six faisceaux de bois centripète et de six coins ligneux secondaires qui sont placés extérieurement en face de chacun d'eux; *c*, cloisons rayonnantes de l'écorce limitant des lacunes aériennes *l*; *ep*, épiderme et couche subéreuse; *r*, *r'*, radicelles qui s'échappent latéralement et prennent naissance sur le côté extérieur des faisceaux primaires de la racine.

FIG. 3. — Coupe tangentielle d'une portion d'épi de *Calamodendron* : *a*, axe de l'épi portant disposés en alternance des verticilles de bractées stériles *Br*, et des bractées fertiles *sp*; *s*, sporanges ou sacs polliniques groupés le plus souvent au nombre de quatre, deux au-dessus, deux au-dessous du sporangiophore *sp*.

FIG. 4. — Portion de la figure précédente plus grossie : *Br*, verticille de bractées stériles; *sp*, sporangiophores; *s*, sporanges ou sacs polliniques complètement remplis de grains groupés en tétrades.

FIG. 5. — Coupe transversale du même épi passant par un verticille fertile et montrant au centre l'axe ligneux muni du côté de la moelle d'une couronne de lacunes qui sont en même nombre que les sporangiophores; *s*, sacs remplis de granulations; *Br*, coupes transversales des bractées du verticille stérile inférieur, le nombre de ces bractées est généralement double de celui des sporangiophores.

FIG. 6. — Portion de la figure précédente, plus grossie : *m*, moelle; *a*, bois rayonnant secondaire; *l*, lacune dans laquelle on voit quelques trachées adhérentes au bois secondaire; *l'*, lacunes secondaires provenant de la division de chacune des deux lacunes principales voisines; *sp*, sporangiophores de forme cylindrique qui, à leur extrémité périphérique, deviennent peltoïdes; *n*, tissu interne de la portion peltée; *p*, gaine extérieure formée de cellules élastiques déterminant la dissémination des grains en favorisant le déchirement des sacs; *s*, spores ou pollen; *m*, enveloppe du sporange; *Br*, bractées stériles.

FIG. 7. — Portion de coin ligneux de l'axe de l'épi : *a*, bois rayonnant secondaire; *tr*, trachées limitant le bois secondaire du côté de la moelle; la lacune est bordée d'une gaine *g*, composée de cellules prismatiques plus hautes que larges à section transversale plus petite que celle des cellules de la moelle.

FIG. 8. — Tétrade grossie, prise dans un sac reproducteur : *c*, enveloppe de la cellule mère; *e*, exospore ou exine; *i*, endospore ou intine; *d*, divisions cellulaires de l'intine rappelant celles que l'on rencontre dans beaucoup de pollens fossiles.

PL. LX.

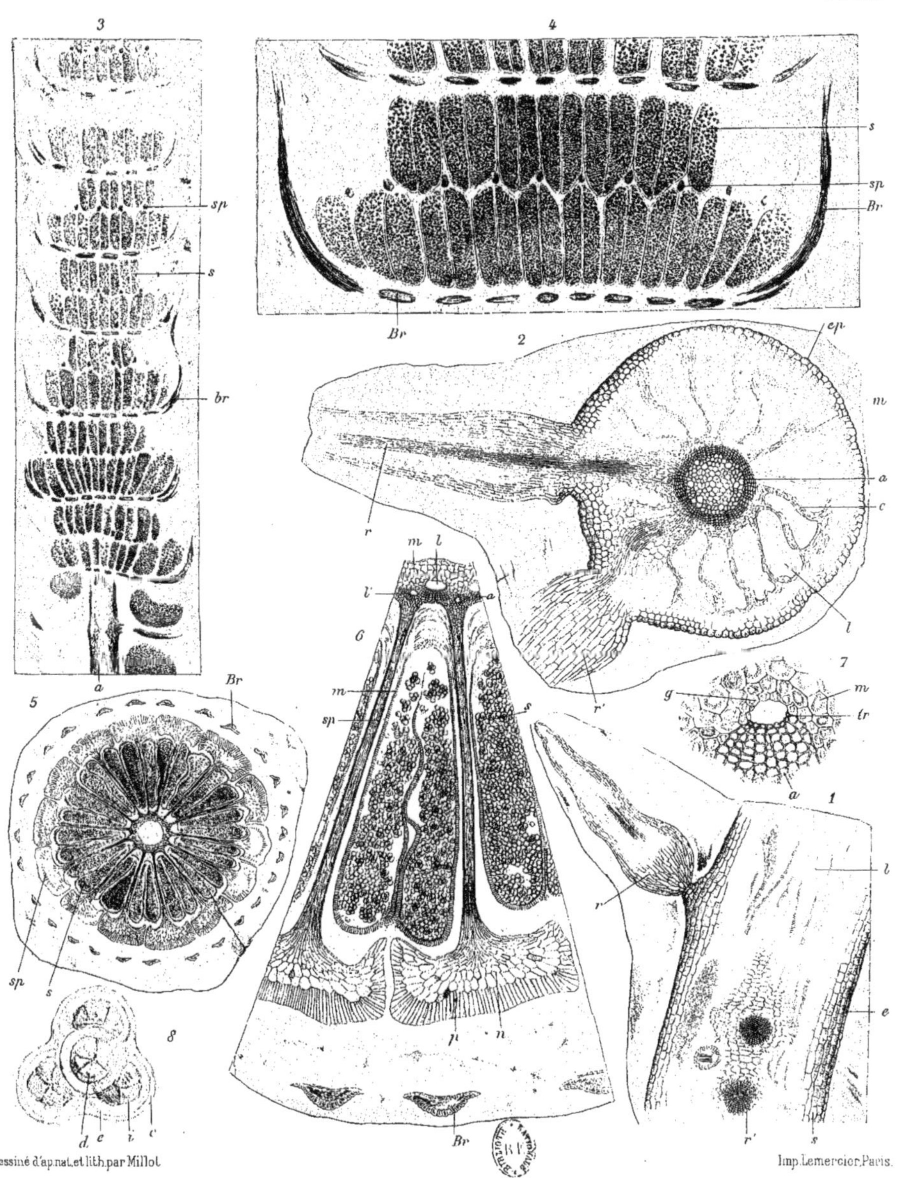

Dessiné d'ap.nat.et lith.par Millot

Imp.Lemercier,Paris.

PLANCHE LXI.

PLANCHE LXI.

EXPLICATION DES FIGURES.

FIG. 1. — Coupe longitudinale d'un épi d'*Arthropitus*, grossie dix fois : *a*, axe de l'épi sur lequel sont insérées des bractées stériles et des bractées fertiles; *b*, bractées stériles à extrémité dilatée peltoïde se terminant en dessus et en dessous par un prolongement atténué en pointe; *c*, bractées fertiles dilatées extérieurement en un disque sur lequel sont insérés des sporanges ou des sacs polliniques; *d*, sacs renfermant les corps reproducteurs. — Gisements d'Autun.

FIG. 2. — Section transversale d'une portion du même épi passant un peu au-dessus d'un verticille stérile : *a*, coin ligneux muni d'une lacune à son extrémité interne, et composé extérieurement de bois secondaire rayonnant centrifuge; *b*, *b'*, bractées stériles; *sp*, enveloppes des sacs; *p*, corpuscules, spores ou grains de pollen, groupés en tétrade.

FIG. 3. — Coupe tangentielle faite à la hauteur d'une articulation stérile : *f*, faisceaux vasculaires se dirigeant dans les bractées stériles.

FIG. 4. — Coupe longitudinale d'une bractée stérile : *tr*, trachées du faisceau ligneux; *g*, tubes grillagés du liber; *h*, fibres hypodermiques périphériques.

PL. LXI.

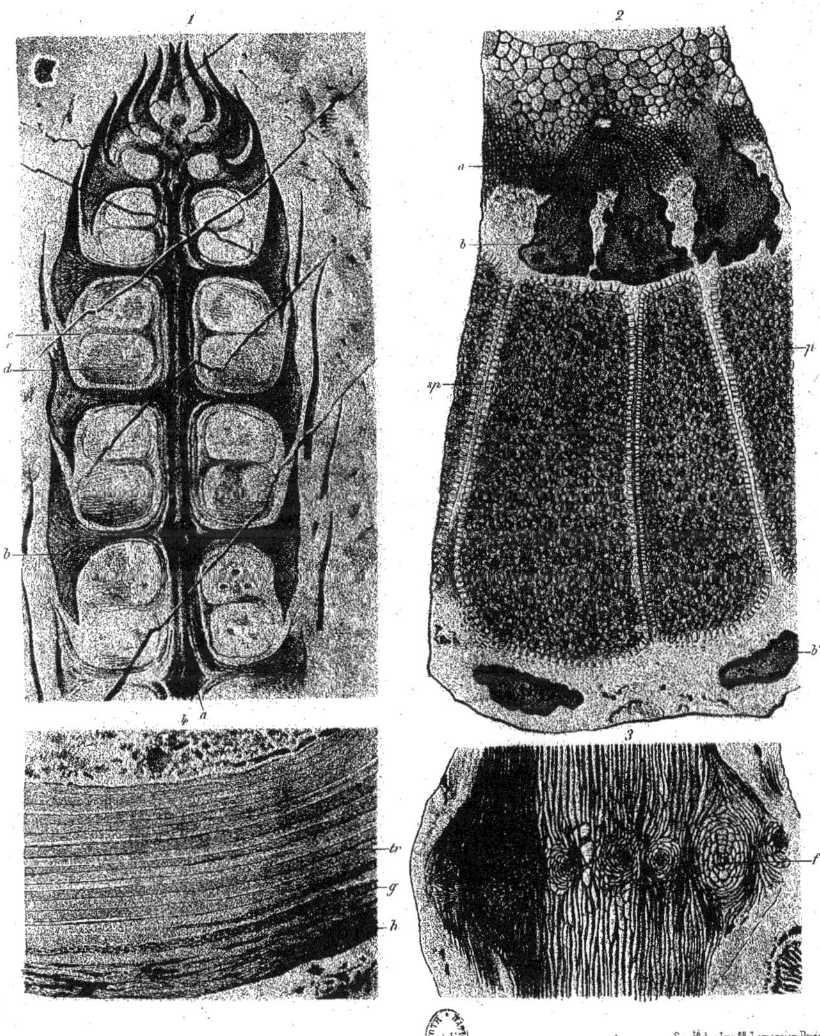

Dessiné d'ap.nat.et lith. par Millot

Socté des Impes Lemercier, Paris

PLANCHE LXII.

PLANCHE LXII.

EXPLICATION DES FIGURES.

Fig. 1. — Coupe transversale d'un épi de Calamodendrée passant par un verticille de sporangiophores, grossie dix fois : *a*, cylindre ligneux muni de lacunes de différentes grandeurs; *b*, axes des sporangiophores; *c*, disques terminant les sporangiophores et formés extérieurement de cellules élastiques; *e*, membrane tapissant la cavité où se trouvaient les sacs. En dehors du cercle des sporangiophores on voit une couronne formée par la section des bractées stériles du verticille inférieur, et qui sont deux fois plus nombreuses que les sporangiophores.

Fig. 2. — Coupe transversale du même, faite un peu au-dessus des sporangiophores : *a*, cylindre ligneux présentant de grandes et de petites lacunes; *f*, bande cellulaire reliant les sporangiophores avec le verticille de bractées stériles; *h*, *h'*, les deux bandes supérieures de tissu élastique partant du sporangiophore et recouvrant extérieurement une portion de la lame cellulaire dont il vient d'être question; *g*, cavité ayant contenu les sacs; *i*, *i'*, deux rangées de bractées coupées transversalement et appartenant à deux verticilles inférieurs stériles superposés.

Fig. 3. — Coupe tangentielle du même épi passant à moitié de la distance de l'axe et de la surface extérieure de l'épi : *b*, section transversale de la partie cylindrique ligneuse des sporangiophores; *f*, lames cellulaires reliant les sporangiophores au verticille stérile supérieur, dans l'intervalle desquelles se trouvaient les sacs; *c*, une des bandes de tissu élastique occupant extérieurement la partie peltoïde du sporangiophore; *i*, *i'*, bractées stériles coupées les unes transversalement, les autres dans leurs parties relevées; *te*, déjections de larves.

Fig. 4. — Coupe tangentielle plus extérieure intéressant trois verticilles stériles et deux verticilles fertiles : *b*, sporangiophore, son extrémité se divise en quatre branches vasculaires, deux en dessus, deux en dessous, correspondant aux quatre sacs; *h*, *h'*, les deux branches supérieures; *f'*, partie cellulaire de la région peltoïde du sporangiophore.

Sur le verticille inférieur, la section, passant un peu plus près de l'axe, coupe quatre sacs *sp* placés de part et d'autre du sporangiophore, deux au-dessus, deux au-dessous; *i*, bractées stériles.

Fig. 5. — Bractée stérile coupée transversalement : *a*, faisceau vasculaire bipolaire entouré de son liber; *l*, assise composée de grosses cellules formant tissu élastique; *ep*, épiderme.

Fig. 6. — Coupe transversale passant à la hauteur d'un verticille stérile : *m*, moelle; *m'*, prolongement de la moelle entre les coins ligneux; *o*, lacune; *o'*, lacune oblitérée par le développement vasculaire; *g*, gaine limitant la lacune du côté de la moelle; *t*, *t*, trachées placées à l'extrémité des coins ligneux; *v*, faisceaux vasculaires se rendant aux bractées; *b*, lame du bois formée de trachéides rayées; *r*, rayons cellulaires ligneux composés de cellules plus hautes que larges.

PL.LXII.

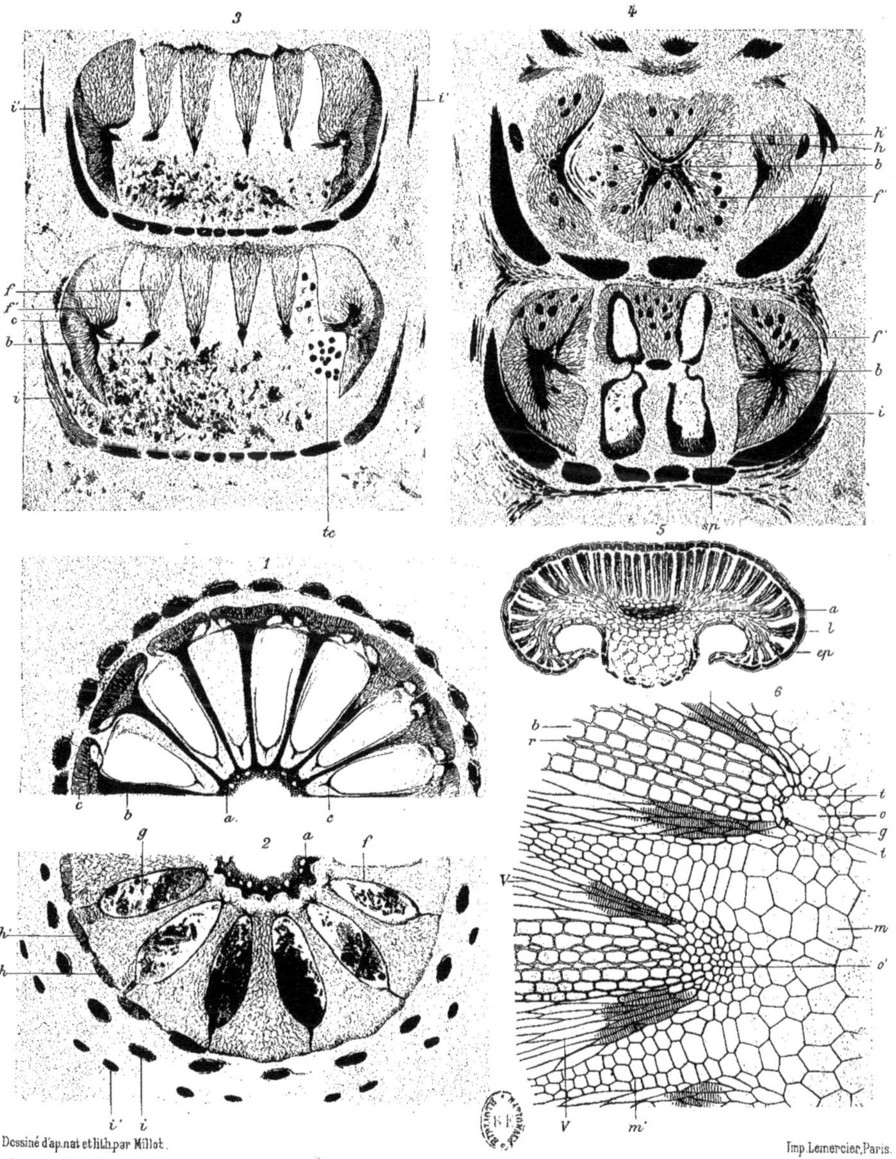

Dessiné d'ap.nat et lith.par Millot.

Imp.Lemercier,Paris.

PLANCHE LXIII.

PLANCHE LXIII.

EXPLICATION DES FIGURES.

Fig. 1. — Portion d'un épi de Calamodendrée, écrasé, grossie dix fois : *a*, axe de l'épi montrant deux articulations; *i*, *i*, trois verticilles de bractées stériles encore en place, mais séparées de leurs articulations respectives. Entre elles on remarque un certain nombre de graines *gr*.

Fig. 2. — Fragment de bractée en forme de lame, auquel est encore attachée une graine *gr* : *br*, bractée munie de bandes vasculaires et à la surface de laquelle est adhérente par continuité de tissu une graine *gr*.

Fig. 3. — Portion d'épiderme de bractée fertile montrant les ouvertures stomatiques *st*, placées en files régulières entre les bandes d'hypoderme *l*.

Fig. 4. — Graine coupée longitudinalement.

Fig. 5. — Graine coupée obliquement; à la partie supérieure on voit la chambre pollinique *cp* occupée par quelques grains de pollen.

Fig. 6. — Coupe longitudinale d'une autre graine passant par le micropyle : *cp*, chambre pollinique avec des grains de pollen; on y remarque un *mycelium* de champignon.

Fig. 7. — Autre graine coupée tangentiellement : *t*, testa; *ep*, épiderme du nucelle.

Fig. 8. — Fragment d'épi écrasé, montrant un verticille de bractées stériles *br* et quatre graines *gr*.

Fig. 9. — Graine coupée longitudinalement : *n*, nucelle; *cp*, chambre pollinique avec grains de pollen; *d*, sorte de couronne rappelant celle des *Stephanospermum*; *m*, canal micropylaire. — Champ des Borgis.

PL. LXIII

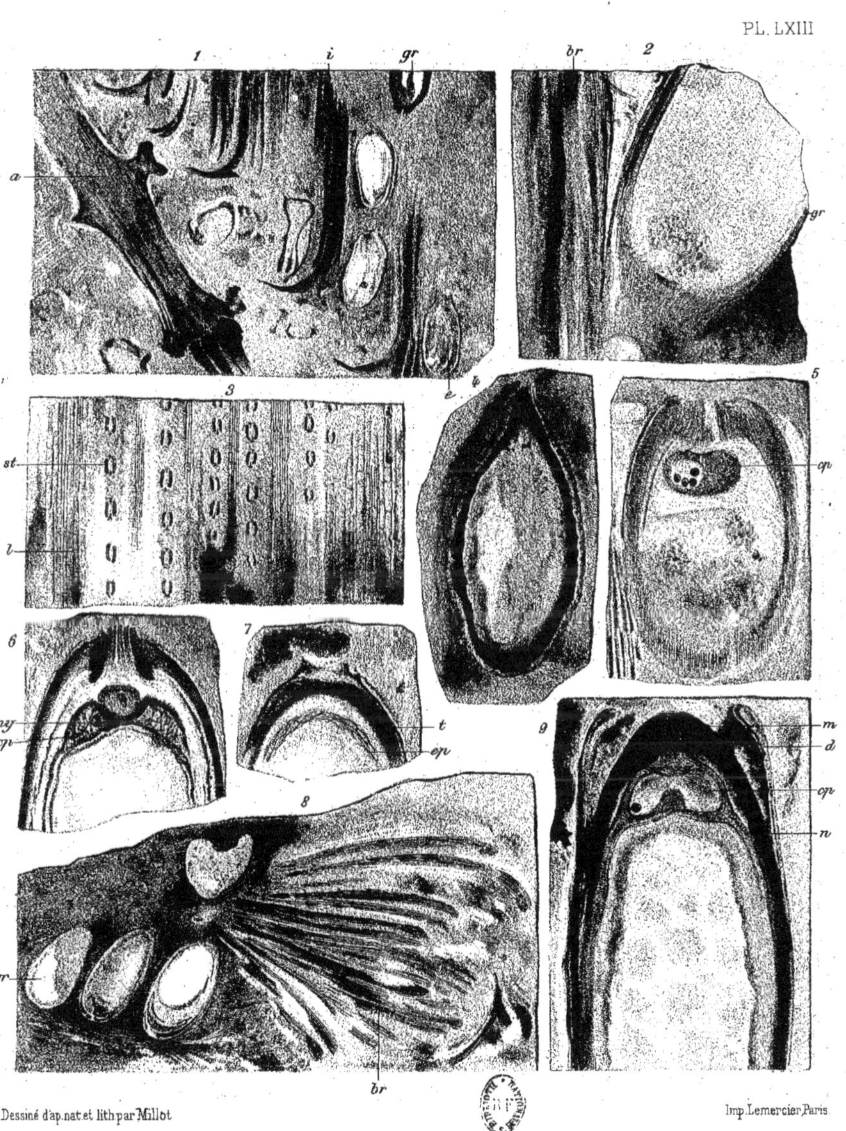

Dessiné d'ap.nat.et lith.par Millot

Imp. Lemercier, Paris.

PLANCHE LXIV.

10
IMPRIMERIE NATIONALE.

PLANCHE LXIV.

EXPLICATION DES FIGURES.

Fig. 1. — **Sphenophyllum angustifolium.** Germar, var. *bifidum* Grand'Eury. — Igornay.

Fig. 2. — **Sphenophyllum oblongifolium.** Germar et Kaulfuss (sp.). — Mont-Pelé, près Sully.

Fig. 3. — Coupe transversale faite à la hauteur d'une articulation et montrant une portion des dix-huit faisceaux vasculaires qui se rendaient aux feuilles; Champ des Borgis : *a*, faisceau ligneux triangulaire central formé de trachéides ponctuées et rayées; *tr*, trachées des trois pointes et lacunes; *b*, tubes aquifères secondaires disposés concentriquement, de section inégale en *b* et en *c*; *d*, liber, à l'intérieur de l'écorce se trouvent des couches subéreuses; *f*, partie extérieure de l'écorce formée de cellules hypodermiques; *r*, bandes vasculaires se rendant aux feuilles.

Fig. 4. — Fragment de tige avec un rameau solitaire *r*.

Fig. 5. — Fragment de rameau garni de feuilles. — Saint-Étienne.

Fig. 6. — L'une des trois extrémités du cylindre ligneux central : *a*, trachéides rayées du cylindre central; *tr*, trachées terminant l'un des angles du triangle; *b*, une assise de tubes aquifères; *s*, assise subéreuse entourant le liber.

Fig. 7. — Une des trois extrémités du cylindre ligneux central : *a*, trachéides rayées de ce cylindre; *tr*, trachées qui les recouvrent extérieurement; entre les deux pointes se trouve une lacune; *c*, gaine de cellules séparant le cylindre ligneux central de la zone extérieure de tubes ponctués; *b*, tubes ponctués aquifères de formation secondaire.

Fig. 8. — Section transversale de quelques tubes ponctués de la région de face de la gaine : *b*, tubes ponctués; *c*, cellules allongées dans le sens vertical occupant quelquefois la place de tubes qui ne se sont pas développés.

Fig. 9. — Section radiale de tubes ponctués : on voit dans certaines régions les ponctuations qui ornent leurs parois, et les cellules lisses, allongées verticalement et horizontalement, qui les séparent.

Fig. 10. — Section transversale d'une nervure de feuille prise près de l'extrémité : *f*, faisceau vasculaire entouré d'un liber formé de cellules à parois très grêles; *p*, cellules hypodermiques abondantes dans cette région.

Fig. 11. — Section transversale d'une racine : *f*, faisceau vasculaire primaire bipolaire; *b*, gaine de tubes ponctués secondaires semblables à ceux des tiges.

Fig. 12. — Portion grossie de l'épi Figure 14 : *m*, enveloppe du macrosporange formée de cellules à parois épaissies; *n*, prothalle de la macrospore ou macrospore elle-même; *f*, faisceau vasculaire pénétrant dans le macrosporange, qui paraît être pédicellé; *br*, bractée.

Fig. 13. — Portion grossie de l'épi Figure 14 : *mi*, microsporange avec son enveloppe caractéristique qui paraît soudée intimement avec la bractée *br*.

Fig. 14. — Épi de *Sphenophyllum*, grossi vingt fois : *br*, bractées stériles; *m*, macrosporange; *mi*, microsporange plein de microspores.

PL. LXIV

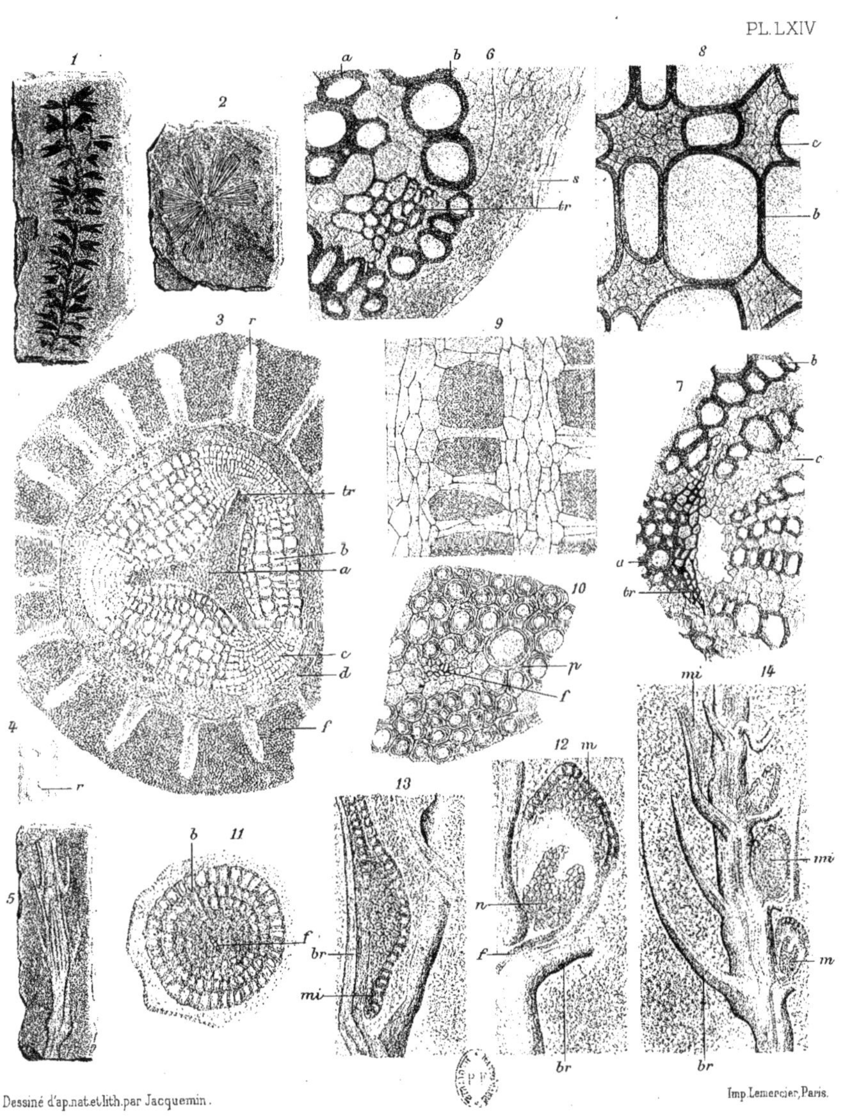

Dessiné d'ap.nat.et lith.par Jacquemin.

Imp.Lemercier, Paris.

PLANCHE LXV.

PLANCHE LXV.

EXPLICATION DES FIGURES.

FIG. 1. — Coupe transversale d'ensemble d'*Heterangium Duchartrei*, B. R. : *a*, bois centripète formé de trachéides ponctuées, dans lequel se trouvent intercalées de nombreuses bandes cellulaires; *b*, bois secondaire rayonnant centrifuge composé de trachéides ponctuées; *c*, rayons cellulaires très épais, séparant les coins ligneux; *d*, liber assez mal conservé; *e*, faisceaux vasculaires, s'échappant de la tige.

FIG. 2. — Portion du même échantillon, plus grossie : *v*, gros vaisseaux ponctués du bois centripète; *f*, tissu cellulaire fondamental secondaire qui les sépare; *t*, trachées placées entre le bois centripète et le bois centrifuge; *b*, bois rayonnant secondaire; *cc*, lames cellulaires dont on voit quelques traces conservées séparant les coins ligneux secondaires.

FIG. 3. — Coupe transversale d'ensemble d'*Heterangium bibractense*, B. R. : *a*, bois centripète; *b*, bois secondaire centrifuge; *c*, lames cellulaires en partie conservées, séparant les coins ligneux; *d*, liber mal conservé; *s*, couche subéreuse de l'écorce.

FIG. 4. — Coupe radiale un peu oblique du même échantillon : *b*, trachéides ponctuées légèrement sinueuses, à plusieurs rangées de ponctuations aréolées, qui constituent le bois secondaire; *c*, rayons cellulaires ligneux séparant les lames de trachéides, coupés un peu obliquement; c_1, une lame cellulaire épaisse séparant les coins ligneux.

FIG. 5. — Portion de la figure précédente, plus grossie : *b*, trachéides ponctuées; les ponctuations sont aréolées, disposées en quinconce sur cinq à six rangées, le pore central est elliptique et incliné par rapport à l'axe de la trachéide.

FIG. 6. — Coupe tangentielle du même échantillon : *b*, trachéides du bois secondaire; comme elles sont sensiblement sinueuses, quelques-unes laissent voir les ponctuations des parois radiales; *c*, rayons cellulaires ligneux vus un peu obliquement; c_1, lames cellulaires séparant les coins ligneux, leur épaisseur est considérable et souvent leur tissu est traversé par des trachéides sinueuses et contournées en boucles qui relient deux coins ligneux voisins.

PL. LXV.

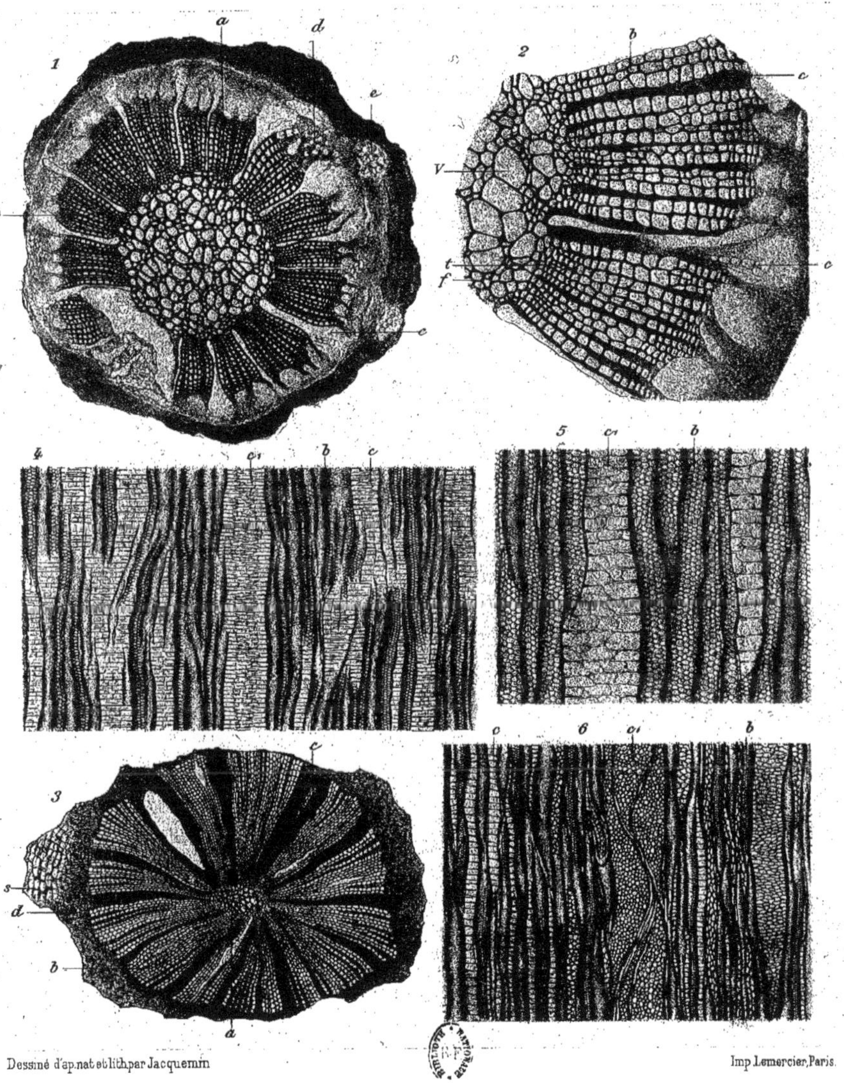

Dessiné d'ap. nat et lith par Jacquemin

Imp. Lemercier, Paris.

PLANCHE LXVI.

PLANCHE LXVI.

EXPLICATION DES FIGURES.

Fig. 1. — Vue extérieure d'une portion de tige de *Colpoxylon æduense*, Brongniart : *a*, stries longitudinales dues aux faisceaux hypodermiques qui courent au-dessous de la surface; *f*, cicatrices en relief allongées transversalement, laissées par la chute des feuilles.

Fig. 2. — Portion du même échantillon, vue par la face polie : *f*, *f'*, *f''*, bases de trois feuilles d'âges différents. La plus ancienne, *f''*, va se séparer du tronc.

Fig. 3. — Coupe longitudinale polie du même échantillon, montrant la cicatrice en relief *f* d'une feuille tombée, la marche des faisceaux vasculaires dans la tige et la base de la feuille.

Fig. 4. — Section longitudinale d'une autre base de feuille, montrant également la marche des faisceaux dans la tige et la feuille.

Fig. 5. — Section longitudinale en lame mince et transparente, montrant les trachéides ponctuées et rayées qui parcourent la tige et la base d'attache de la feuille.

PL. LXVI.

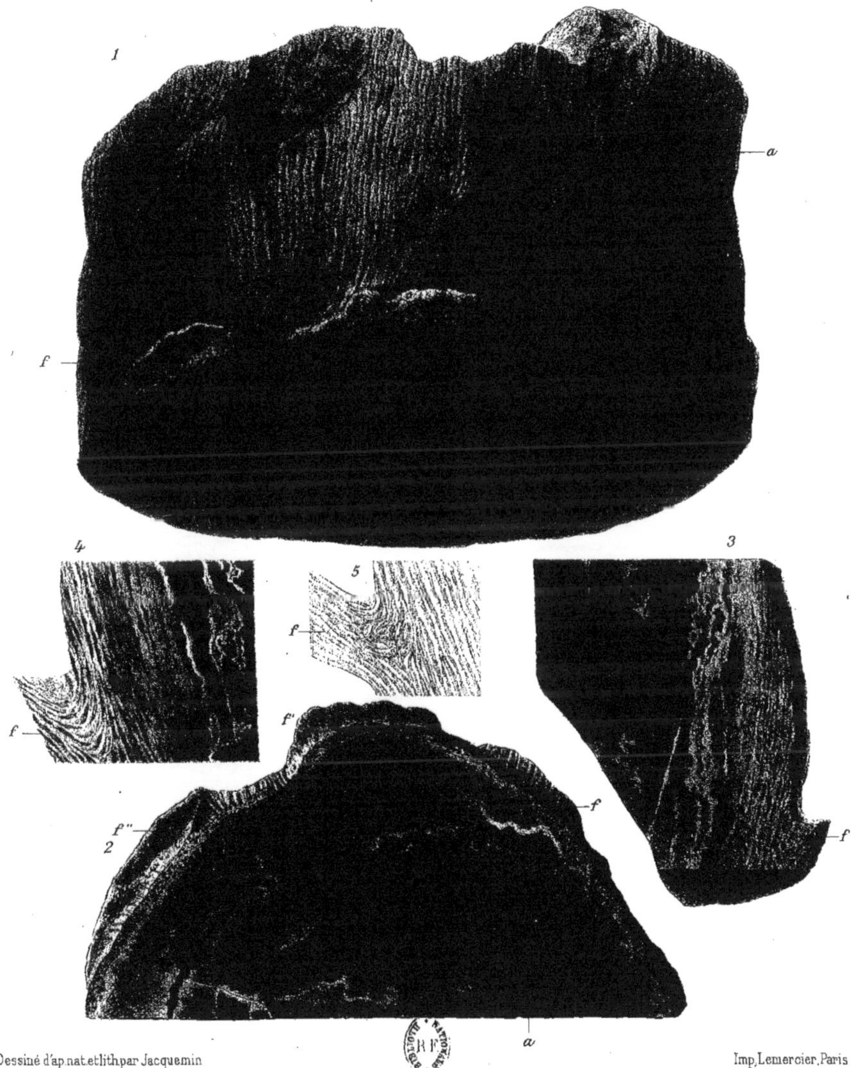

Dessiné d'ap.nat.et lith.par Jacquemin

Imp. Lemercier, Paris

PLANCHE LXVII.

PLANCHE LXVII.

EXPLICATION DES FIGURES.

Fig. 1. — Section polie de *Colpoxylon æduense*, Brongniart : *a*, *a'*, cylindre ligneux se préparant à se diviser en deux parties; *b*, liber entourant le cylindre ligneux proprement dit; *c*, partie de l'écorce parcourue par des cordons vasculaires et par des bandes hypodermiques; *d*, faisceaux ligneux en forme d'étoiles, extérieurs au cylindre ligneux, qui se dirigeaient dans quelques rameaux adventifs ou dans l'axe d'épis reproducteurs.

Fig. 2. — Le même échantillon, vu sur l'autre face *a*, *a'* : le cylindre ligneux s'est divisé en deux portions inégales, pour former une sorte de dichotomie; *b*, *d*, comme précédemment; *e*, faisceaux vasculaires disséminés dans la partie médullaire des deux cylindres ligneux.

Fig. 3. — Portion extérieure de l'échantillon présentant des stries longitudinales déterminées par les faisceaux hypodermiques qui se trouvent à la périphérie.

PL. LXVII

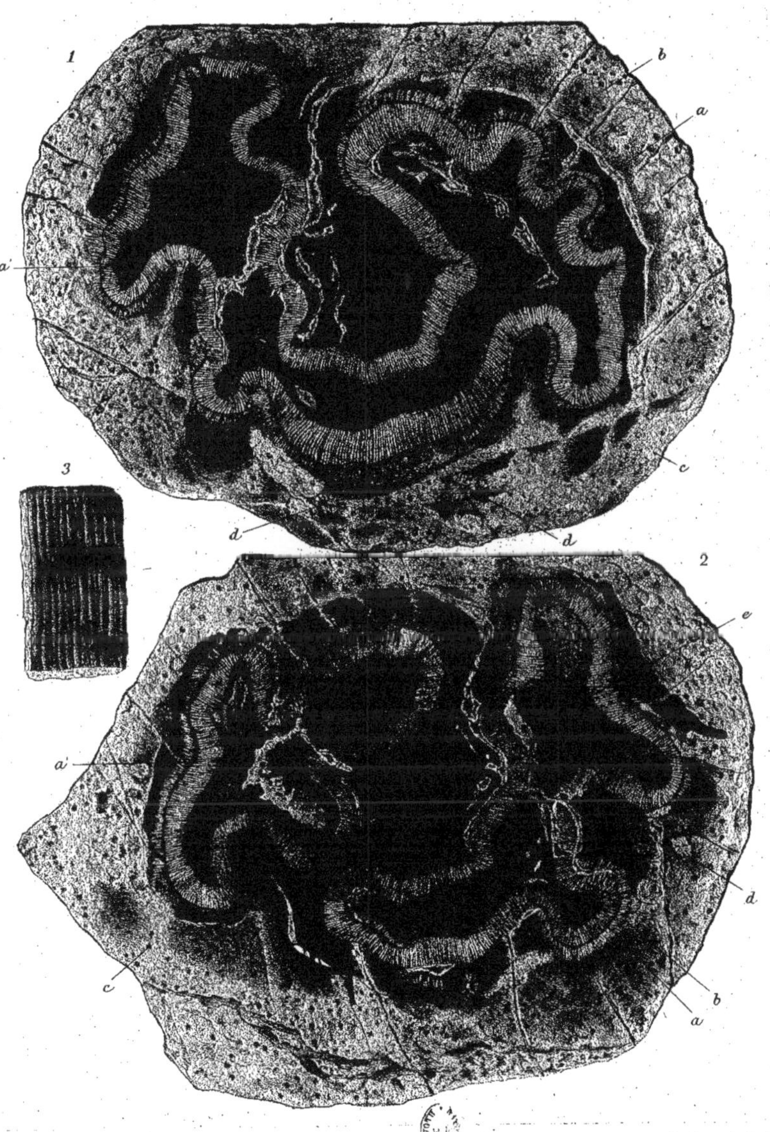

Dessiné d'ap. nat. et lith. par Sohier

Imp. Lemercier, Paris

PLANCHE LXVIII.

IMPRIMERIE NATIONALE.

PLANCHE LXVIII.

EXPLICATION DES FIGURES.

Fig. 1. — Section transversale d'une portion de tige de *Colpoxylon æduense* : *a*, cylindre ligneux. Dans l'épaisseur de l'écorce on remarque les bandes hypodermiques et les cordons vasculaires se portant dans les feuilles.

Fig. 2. — Section longitudinale d'une portion de tige de *Colpoxylon æduense* : *a*, *a*, cylindre ligneux coupé radialement en deux points; *e*, cordons vasculaires disséminés dans l'intérieur du cylindre; *h*, portion cellulaire parenchymateuse de l'écorce; *g*, canaux gommeux qui parcourent cette région; *i*, faisceaux hypodermiques placés à la périphérie.

Fig. 3. — Coupe radiale d'une portion du cylindre ligneux, grossie cinquante fois : *a*, *a*, trachéides ponctuées du cylindre ligneux; *m*, *m*, rayons médullaires formés de cellules allongées dans le sens radial.

Fig. 4. — Coupe tangentielle d'une portion de cylindre ligneux : *a*, trachéides ponctuées, affectant une course sinueuse; *m*, *m*, rayons médullaires épais séparant les séries de trachéides.

Fig. 5. — Coupe transversale d'un cordon foliaire pris dans l'épaisseur de l'écorce : *a*, bois primaire *centripète; a*, bois secondaire *centrifuge; b*, liber avec quelques cellules portant des cribles.

Fig. 6. — Coupe longitudinale du même : *a'*, bois centripète formé de trachéides rayées; *a*, bois centrifuge secondaire formé de trachéides ponctuées; *b*, quelques cellules portant des grillages sur leurs parois.

Fig. 7. — Coupe transversale, prise à la partie périphérique de la tige : *i*, bandes hypodermiques circulaires ou elliptiques; *k*, canaux gommeux remplis d'une substance brune, quelquefois en partie vides, et présentant des lacunes *l*; *h*, tissu cellulaire séparant les faisceaux hypodermiques.

Fig. 8. — Un faisceau hypodermique isolé : *k*, cellules hypodermiques; *l*, canal gommeux vide.

Fig. 9. — Coupe longitudinale passant à travers les bandes d'hypoderme : *i*, bandes hypodermiques; *g*, réservoirs à gomme; *h*, tissu cellulaire séparant les bandes d'hypoderme.

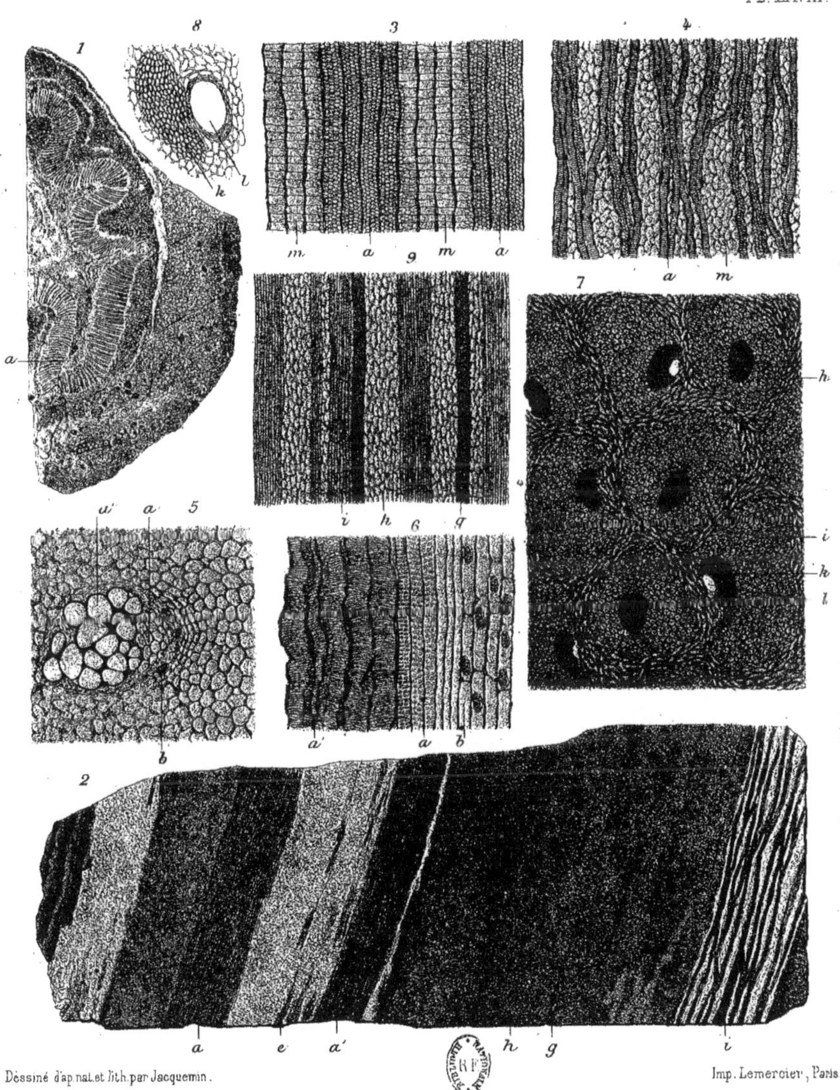

Dessiné d'ap. nat. et lith. par Jacquemin.

Imp. Lemercier, Paris.

PLANCHE LXIX.

PLANCHE LXIX.

EXPLICATION DES FIGURES.

FIG. 1. — Coupe transversale polie d'une portion de tige de *Ptychoxylon Levyi*, B. R., montrant en *a* le cylindre ligneux divisé en deux parties dont les bords repliés se recouvrent. A la partie supérieure de la figure, entre les deux portions du cylindre ligneux, on remarque deux faisceaux vasculaires qui se portent aux feuilles.

FIG. 2. — Section transversale polie, grossie deux fois : en *a* se trouve une portion du cylindre ligneux, dont une branche repliée en dedans se voit en *a'*; *r*, origine d'un rameau.

FIG. 3. — Section transversale prise dans une autre partie de l'échantillon et réduite en lame mince. On remarque sur la section le cylindre ligneux divisé en plusieurs tronçons : *a*, portion périphérique de l'un d'eux; *a'*, l'une des extrémités de ce cylindre repliée en dedans; *a"*, l'autre extrémité repliée également en dedans et recouvrant la première; a_1, cylindre intérieur à accroissement centripète provenant du rapprochement des deux extrémités *a'*, *a"*, qui se sont détachées plus bas que la section des deux cylindres ligneux et forment un cylindre presque continu indépendant avec du liber intérieur; *r*, rameau s'éloignant du cylindre ligneux et se portant au dehors.

FIG. 4. — Coupe longitudinale de l'un des tronçons du cylindre ligneux : *a*, portion périphérique formée de trachéides ponctuées; *l*, liber correspondant formé de parenchyme libérien mou et de tubes criblés *g*; *a'*, une des extrémités du cylindre repliée en dedans accompagnée de son liber *l'*, *g'*, en direction centripète; *a"*, la deuxième extrémité du cylindre également repliée en dedans et recouvrant la première, accompagnée également de son liber *l"*, *g"*, en direction centripète; *m*, moelle formée de cellules polyédriques isodiamétrales; *g*, tubes criblés; *c*, canaux à gomme; *d*, cellules parenchymateuses de l'écorce; *s*, couche subéreuse externe.

FIG. 5. — Portion de bois coupée longitudinalement, grossie cent vingt fois : *a*, trachéides ponctuées, les ponctuations sont disposées sur les parois latérales sur quatre à six rangées contiguës, leur contour est hexagonal et elles sont marquées d'un pore elliptique au centre de l'aréole; *r*, rayon médullaire formé de cellules rectangulaires allongées dans le sens du rayon.

FIG. 6. — Coupe tangentielle : *a*, trachéides ponctuées; *r*, rayon médullaire composé.

FIG. 7. — Section passant par l'assise libérienne : au milieu du parenchyme libérien, formé de cellules de forme parallélipipédique à minces parois, on voit des cellules libériennes allongées *l* sans ornements sur les parois, et d'autres *g* portant de nombreux cribles; les perforations des cribles sont visibles.

FIG. 8. — Coupe transversale d'un rameau, grossie huit fois. Le cylindre ligneux est partagé en deux tronçons incomplètement séparés : *a*, partie périphérique; *a'*, portion intérieure.

FIG. 9. — Coupe transversale d'un rameau non sorti de la tige. Le cylindre ligneux *a* n'est pas encore divisé : *f*, faisceaux vasculaires se portant vraisemblablement dans la feuille à l'aisselle de laquelle le rameau a pris naissance.

PL. LXIX

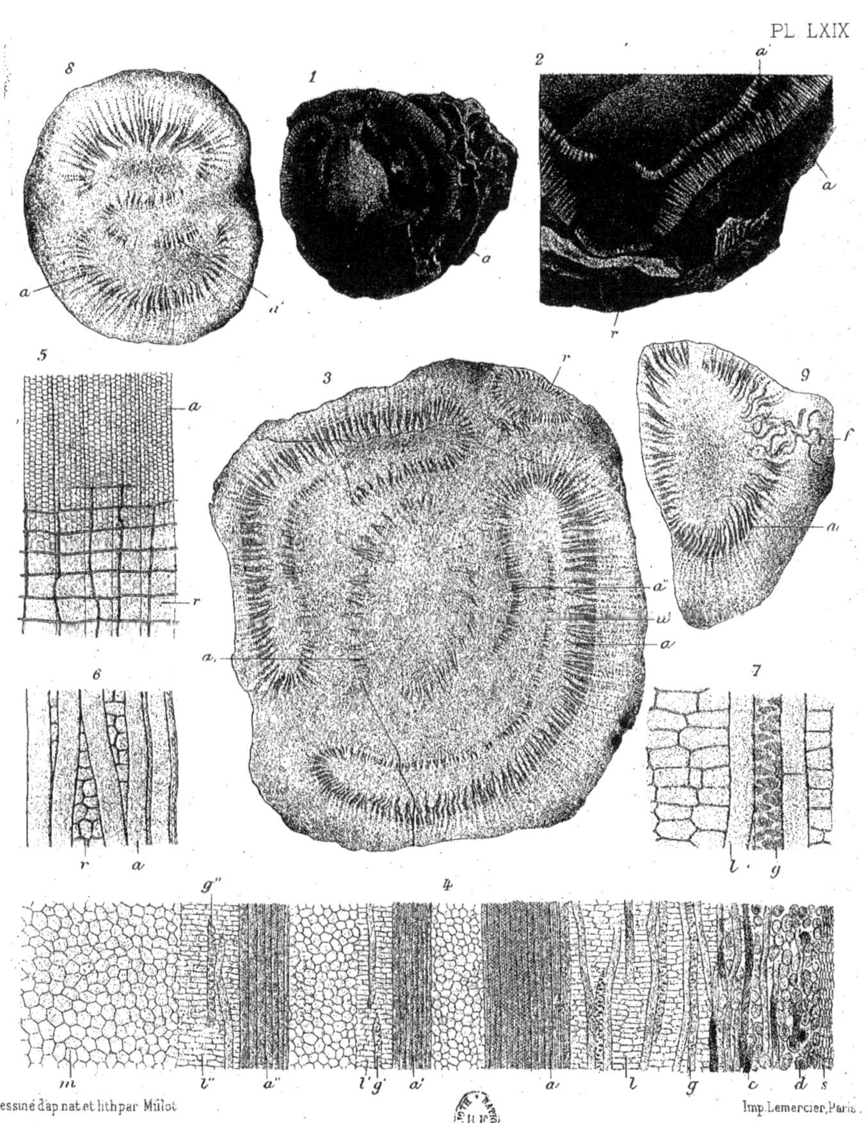

Dessiné d'ap nat et lith par Millot

Imp. Lemercier, Paris.

PLANCHE LXX.

PLANCHE LXX.

EXPLICATION DES FIGURES.

FIG. 1. — Coupe transversale polie d'une tige de *Medullosa stellata*, Cotta : *a*, cylindre ligneux périphérique à accroissement centrifuge ; *a'*, boucle formée par un reploiement de ce cylindre vers l'intérieur et dont l'accroissement est centripète ; *c*, cylindres ligneux de petites dimensions, circulaires, elliptiques, ou en forme de bandes aplaties, parcourant l'intérieur de la boucle ; entre le cylindre extérieur et la boucle se trouvent un nombre considérable de cordons vasculaires et de tubes gommeux ; *b*, assise extérieure de l'écorce occupée par des bandes d'hypoderme. — Champ des Espargeolles, près Autun.

FIG. 2. — Partie plus grossie de cette même section. Les mêmes lettres désignent les mêmes parties : *a'*, bois appartenant à la boucle ; *a*, bois périphérique ; *d*, canaux gommeux et faisceaux vasculaires disséminés entre les deux ; *d'*, assise corticale parenchymateuse parcourue par des canaux à gomme et des cordons vasculaires ; *c*, cylindres ligneux étoilés placés dans la boucle ; *b*, région périphérique de l'écorce occupée par des bandes hypodermiques.

FIG. 3. — Section transversale d'un double faisceau vasculaire pris dans l'épaisseur de l'écorce et se dirigeant vers une feuille : *a*, bois à accroissement centrifuge ; *l*, liber.

FIG. 4. — Coupe transversale d'un cylindre ligneux intérieur.

FIG. 5. — Coupe tangentielle montrant deux cylindres ligneux *f* traversant le bois presque horizontalement. Ils représentent peut-être les restes de la partie de l'axe d'épis contenue dans l'épaisseur du tronc.

FIG. 6. — Section longitudinale radiale d'une partie du bois, montrant les trachéides ponctuées et les rayons médullaires.

FIG. 7. — Coupe tangentielle du bois montrant le réseau formé par les séries radiales de trachéides et les rayons médullaires composés qui occupent les mailles du réseau.

FIG. 8. — Section transversale d'un autre échantillon : *a*, bois périphérique ; *a'*, boucle interne séparée du cylindre extérieur et qui semble former un cylindre distinct et indépendant ; *c*, cylindres isolés contenus dans l'intérieur de la moelle.

FIG. 9. — Portion de l'échantillon précédent, grossie : *a*, cylindre ligneux périphérique ; *a'*, cylindre ligneux de la boucle ; *c*, cylindres ligneux contenus dans la boucle ; *d*, région cellulaire séparant le cylindre extérieur de la boucle et parcourue par des canaux gommeux et des cordons vasculaires. La moelle est circonscrite par un mince cylindre ligneux continu, indiqué sur la figure par une zone continue.

Cet échantillon provient de Chemnitz (Saxe).

Dessiné d'ap.nat.et lith.par Sohier

Imp. Lemercier, Paris.

PLANCHE LXXI.

PLANCHE LXXI.

EXPLICATION DES FIGURES.

Fig. 1. — Section transversale polie de *Medullosa gigas*, B. R. : *d*, bois; *c*, cylindres ligneux circulaires ou elliptiques contenus dans la moelle.

Fig. 2. — Autre section transversale et polie de *Medullosa gigas;* on distingue nettement les séries radiales de trachéides ligneuses séparées par les rayons médullaires.

Fig. 3. — Coupe tangentielle d'un fragment de la même espèce, montrant le réseau formé par les séries radiales de trachéides et les rayons cellulaires composés qui en occupent les mailles.

Fig. 4 et 5. — Coupes tangentielles grossies, avec les mailles du réseau occupées par les rayons cellulaires ligneux et les trachéides contournées dans certaines parties et portant sur leurs parois latérales des ponctuations aréolées.

Fig. 6. — Section transversale oblique : *a*, trachéides ponctuées réunies en séries radiales et disposées sur deux à trois rangs en épaisseur; les ponctuations, disposées en quinconce et contiguës, sont placées sur trois à quatre files verticales; *b*, rayon cellulaire ligneux épais et formé de cellules plus allongées dans le sens radial que dans le sens vertical.

Champs de la Justice et des Espargeolles, près Autun.

PL. LXXI.

1 2

c

d

3

5 6

4

a

b

Dessiné d'ap.nat.et lith.par Jacquemin

Imp.Lemercier,Paris.

PLANCHE LXXII.

PLANCHE LXXII.

EXPLICATION DES FIGURES.

Fig. 1. — Extrémité d'un rameau feuillé de *Dolerophyllum Berthieri*, B. R. — Mont-Pelé, près Sully.

Fig. 2. — Bourgeon de *Dolerophyllum*. — Permien de Russie.

Fig. 3. — Coupe longitudinale d'une portion du même échantillon, montrant les feuilles très épaisses superposées.

Fig. 4. — Coupe transversale du même, indiquant l'enroulement des feuilles.

Fig. 5. — Un bourgeon, vu en dessous, présentant au centre un fragment de l'axe qui le portait.

Fig. 6. — Une nervure d'une feuille coupée transversalement : *b*, faisceau vasculaire formé d'un bois centripète et d'un bois centrifuge. Le faisceau est entouré de cellules libériennes à minces parois, limitées par une gaine cellulaire : *a*, canaux à gomme ou à résine accompagnant le faisceau vasculaire; *ep*, épiderme de la face supérieure de la feuille dont les cellules se prolongent en poils raides et cloisonnés; *e'p'*, épiderme inférieur formé de cellules plus hautes que larges et terminées en pointe.

Fig. 7. — Section transversale parallèle au limbe d'une feuille de *Dolerophyllum fertile* de Grand-Croix. Au milieu du mésophylle ou voit de nombreuses loges, remplies de gros grains de pollen cloisonnés *sp*; *ep*, épiderme supérieur rappelant celui de la Figure 6.

Fig. 8. — Coupe longitudinale perpendiculaire au limbe de la feuille; au milieu d'un mésophylle très épais *p*, on voit de nombreux grains de pollen *sp*.

Fig. 9. — Cellules du mésophylle plus grossies.

Fig. 10. — Grains de pollen pris sur l'empreinte représentée Figure 13; les grains, de couleur jaune orangé, sont marqués de deux sillons suivant leur grand axe.

Fig. 11. — Un grain de pollen choisi dans une des loges de la Figure 8; on voit également deux sillons suivant leur longueur.

Fig. 12. — Section transversale d'un grain de pollen, avec l'indication des deux sillons et les cellules qui en remplissent la cavité.

Fig. 13. — Fructification de *Dolerophyllum Berthieri* du Mont-Pelé composée d'une feuille elliptique, marginée sur les bords, présentant un point d'attache excentrique, peut-être pseudo-peltée, et un nombre considérable de grains de pollen *sp* disposés régulièrement en chapelet sur des lignes radiales légèrement incurvées, et de couleur jaune orangé; chaque rangée est séparée de sa voisine par une épaisse couche de houille *h*, provenant du mésophylle.

Fig. 14. — Jeune feuille de *Dolerophyllum* de Saint-Étienne.

Fig. 15. — Graine subconique appartenant au genre *Rhabdocarpus*, Brongniart, dont le testa renferme un très grand nombre de tubes à gomme, et qui pourrait être rapportée aux Dolérophyllées.

PL. LXXII.

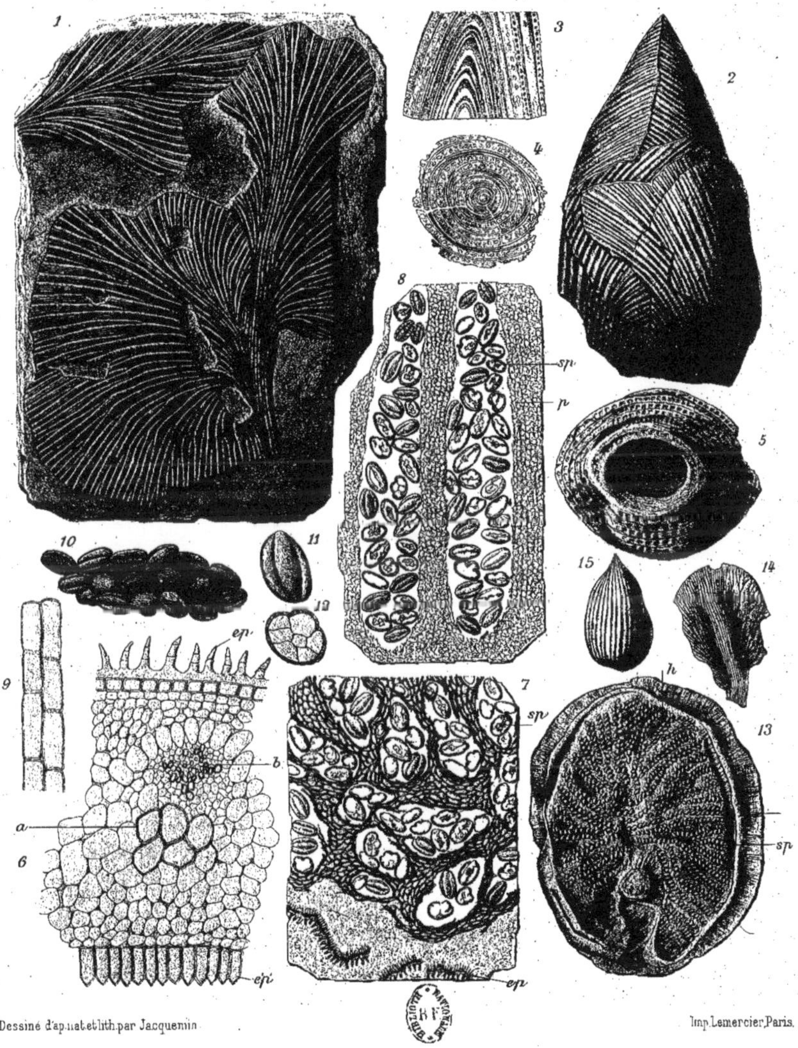

Dessiné d'ap.nat.et lith.par Jacquemin

Imp.Lemercier,Paris.

PLANCHE LXXIII.

PLANCHE LXXIII.

EXPLICATION DES FIGURES.

FIG. 1. — **Cycadospadix Milleryensis.** B. RENAULT. — Épi attaché à un rameau *r*; l'axe *a* est marqué de légères stries longitudinales, il porte de nombreuses bractées divisées en languettes sur leur contour; les graines se sont détachées pour la plupart, cependant on en distingue vers le sommet et au bas en *g*.

FIG. 2. — Autre échantillon de la même espèce; à la partie inférieure des bractées, convexes en dessus et fissurées sur les bords *b*, on remarque une ou deux graines encore en place.

FIG. 3. — Un autre échantillon portant également de nombreuses bractées recouvrant des graines.

FIG. 4. — **Cycadospadix Milleryensis.** B. RENAULT. — Épi garni de ses bractées fructifères et inséré presque perpendiculairement à un rameau *r*.

FIG. 5, 6, 7. — Graines à différents états de développement. Ces graines rappellent dans une certaine mesure le *Cardiocarpus cornutus*, Dawson et le *Samaropsis fluitans* de Weiss.

Tous ces échantillons ont été recueillis à Millery, près Autun.

PL. LXXIII.

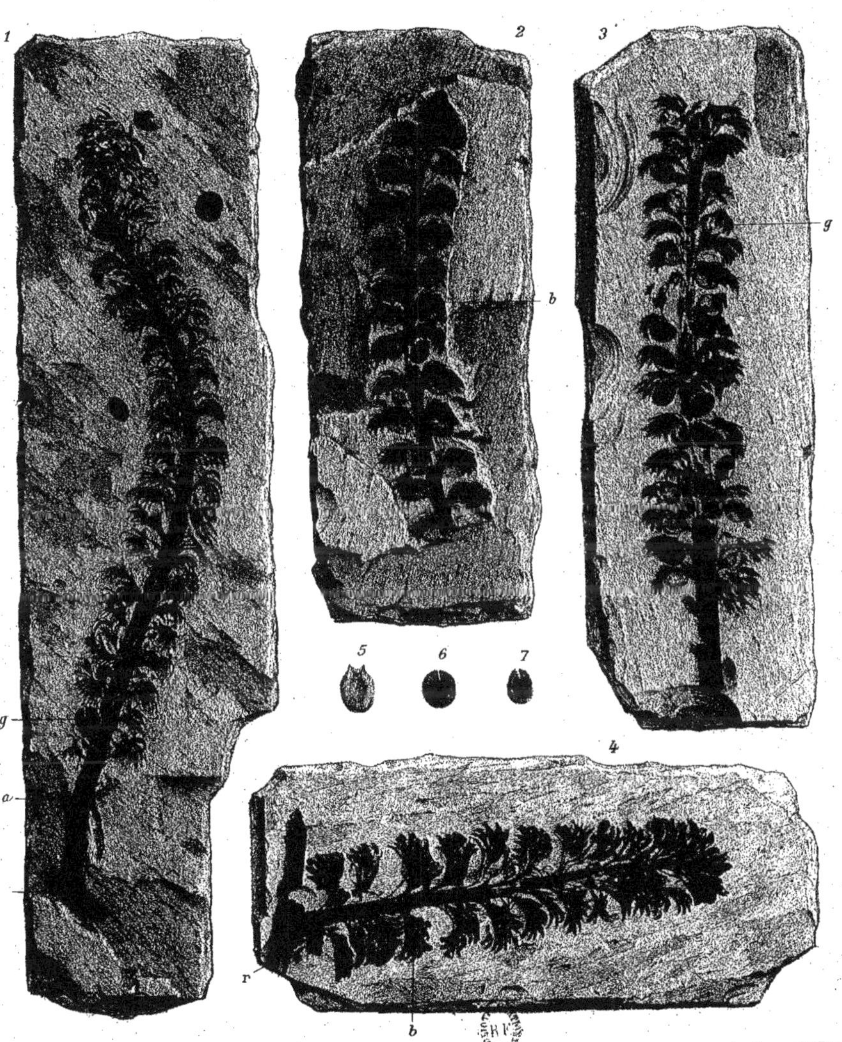

Dessiné d'ap. nat. et lith. par Sohier

Imp. Lemercier, Paris

PLANCHE LXXIV.

PLANCHE LXXIV.

EXPLICATION DES FIGURES.

Fig. 1. — Section transversale d'une jeune tige de *Poroxylon Edwardsi*, B. R., grossie trente fois · *m*, moelle avec canaux gommeux; *a*, bois centripète peu développé; *b*, bois centrifuge secondaire; *c*, liber secondaire; *s*, assise subéreuse; *d*, déchirure entre le liège et le rhytidome; *e*, tissu fondamental; *f*, bandes hypodermiques.

Fig. 2. — Coupe transversale d'une tige dans la région médullaire : *m*, moelle; *g*, canaux gommeux; *tr*, trachées du bois centripète; V, vaisseaux aréolés et rayés continuant le bois primaire du côté de la moelle; *b*, bois secondaire; *r*, rayons ligneux séparant les trachéides ponctuées du bois secondaire.

Fig. 3. — Section transversale faite dans la même région, mais intéressant un autre faisceau. Les centres trachéens *tr* se sont dédoublés et séparés : V, vaisseaux aréolés et rayés du bois primaire; *b*, trachéides du bois secondaire; *r*, *r*, rayons ligneux qui les séparent.

Fig. 4. — Coupe transversale d'un autre faisceau ligneux; ici, il n'existe que deux centres trachéens *tr*, chacun d'eux devant se dédoubler plus tard comme le montrent les Figures 2 et 3 : V, vaisseaux du bois centripète; *b*, bois secondaire; *r*, rayons ligneux qui séparent les lames du bois.

Fig. 5. — Un vaisseau ponctué du bois secondaire.

Fig. 6. — Coupe transversale d'une portion de bois secondaire entre deux zones d'accroissement, grossie soixante-six fois.

Fig. 7. — Coupe tangentielle du bois secondaire.

Fig. 8. — Cellules des rayons ligneux contiguës aux trachéides ligneuses, vues en coupe radiale.

Fig. 9. — Coupe transversale de la région cambiale, grossie soixante-six fois : *zc*, zone cambiale; *b*, vaisseau ligneux; *l*, liber.

Fig. 10. — Coupe transversale d'une portion de la région libérienne : *rl*, rayon cellulaire libérien; *p*, cellule libérienne parenchymateuse; *g*, cellules ou tubes grillagés.

Fig. 11. — Coupe longitudinale radiale du liber secondaire, grossie soixante fois : *g*, cellules grillagées, les grillages ont des formes variées; *p*, cellules libériennes parenchymateuses.

Fig. 12. — Section transversale d'une portion de l'écorce : *g*, cellules grillagées du liber, le tissu fondamental secondaire qui fait suite est rempli de nombreux tubes gommeux *tg*; *s*, premier liège; *h*, faisceaux hypodermiques.

Fig. 13. — Section radiale de la lame de décortication passant par une file de tubes gommeux; *rl*, rayon libérien; *tg*, tube gommeux; *t*, tissu fondamental; *s*, liège.

Fig. 14. — Section transversale d'une bande hypodermique; *ep*, épiderme; *t*, tissu fondamental secondaire; *h*, bande hypodermique.

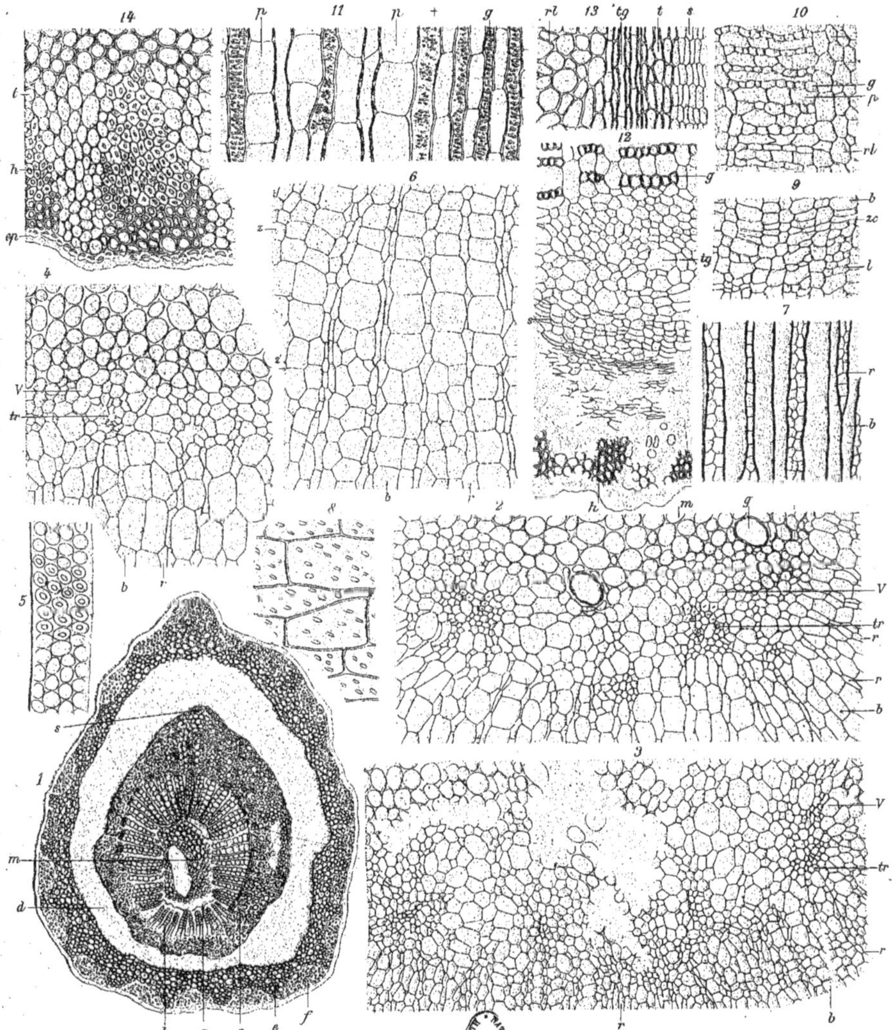

PL. LXXIV.

Dessiné d'ap. nat. et lith. par Jacquemin

Imp. Lemercier, Paris

PLANCHE LXXV.

PLANCHE LXXV.

EXPLICATION DES FIGURES.

FIG. 1. — Section transversale d'ensemble d'un pétiole d'une feuille de *Poroxylon Boysseti*, B. R., grossie sept fois.

Ep, épiderme; *h*, bandes hypodermiques; *tf*, tissu fondamental; *tg*, tubes gommeux dispersés dans le tissu fondamental; *tg'*, tubes gommeux du liber; *md*, lobe médian de droite; b_2, bois secondaire; b_1, bois primaire.

FIG. 2. — Coupe transversale du lobe médian droit du pétiole précédent, grossie trente-cinq fois.

tr, bande trachéenne horizontale indiquant un dédoublement qui se prépare dans le lobe; V, trachéides rayées et aréolées du bois centripète; *fp*, fibres à parois minces reliant les éléments du bois centripète et les trachées entre eux et avec le bois secondaire centrifuge; *b*, bois secondaire centrifuge; *g*, canaux gommeux (à course souvent horizontale) du tissu fondamental.

FIG. 3. — Portion antérieure droite du lobe latéral gauche du même pétiole.

tf, tissu fondamental dont les cellules deviennent plus petites et alignées en se rapprochant de la masse ligneuse; *f*, *f'*, fibres primitives; V, vaisseaux aréolés du bois primaire; *tr*, *tr*, pointements trachéens; *b*, bois secondaire centrifuge; *zc*, zone cambiale; *g*, liber secondaire avec ses bandes de cellules grillagées.

FIG. 4. — Coupe transversale du bord du limbe d'une feuille de *Poroxylon stephanense*, B. R. et Eg. B.

h, bandes hypodermiques; B_1, bois primaire; B_2, bois secondaire; *tr*, trachées; *t*, tissu fondamental.

FIG. 5 et 6. — Coupe transversale du bord du limbe d'une feuille de *Poroxylon stephanense*.

h, bande hypodermique qui longe le bord du limbe, Figure 6.

Le faisceau ligneux des nervures n'est représenté que par le bois primaire B_1, les éléments secondaires ne le sont que par une zone cambiale et du liber, séparés du bois primaire et écrasés.

FIG. 7. — Section radiale de la face postérieure du limbe d'une feuille, grossie trente-cinq fois.

La moitié supérieure de la section montre la lame diaphragmatique *d* qui unit les faisceaux de deux nervures voisines et une bande hypodermique *h*.

La moitié inférieure de la section passe entre deux nervures.

FIG. 8. — Section transversale d'une grosse nervure et de la face antérieure du limbe d'une feuille de *Poroxylon stephanense*, grossie trente-cinq fois.

tr, trachées; V, bois centripète; B_2, bois secondaire centrifuge; *z*, zone cambiale et liber mal conservés; B_3, bois tardif; z_1, zone cambiale tardive; *tf*, tissu fondamental; *h*, bandes hypodermiques.

FIG. 9. — Section transversale du bois secondaire tardif : la zone cambiale tardive et le liber secondaire tardif sont complètement écrasés.

tr, trachées; B_2, bois secondaire; B_3, bois tardif.

FIG. 10. — Section transversale d'une partie de la plage libéro-ligneuse du limbe d'une feuille de *Poroxylon stephanense* prise dans la région des nervures médianes.

tr, trachées; *i*, bois primaire centripète; B_2, bois secondaire centrifuge; *t*, tissu fondamental; *h*, bandes hypodermiques.

FIG. 11. — Section transversale d'ensemble du faisceau bipolaire d'une racine grêle de *Poroxylon Edwardsi*, B. R., grossie dix fois.

B_1, bois primaire bipolaire de la racine; B_2, bois secondaire; *zc*, zone cambiale; l_1, liber primaire; l_2, liber secondaire; *g*, tubes gommeux.

FIG. 12. — Section transversale du bois primaire du faisceau bipolaire d'une racine grêle de *Poroxylon Edwardsi*, grossie trente-cinq fois.

tr, trachées; V, vaisseaux aréolés réunissant les deux centres trachéens; B_2, bois secondaire.

FIG. 13. — Section transversale du liber du faisceau bipolaire de la même racine.

B_2, bois secondaire; *zc*, zone cambiale; *g*, tubes gommeux; *s*, liège.

PL. LXXV.

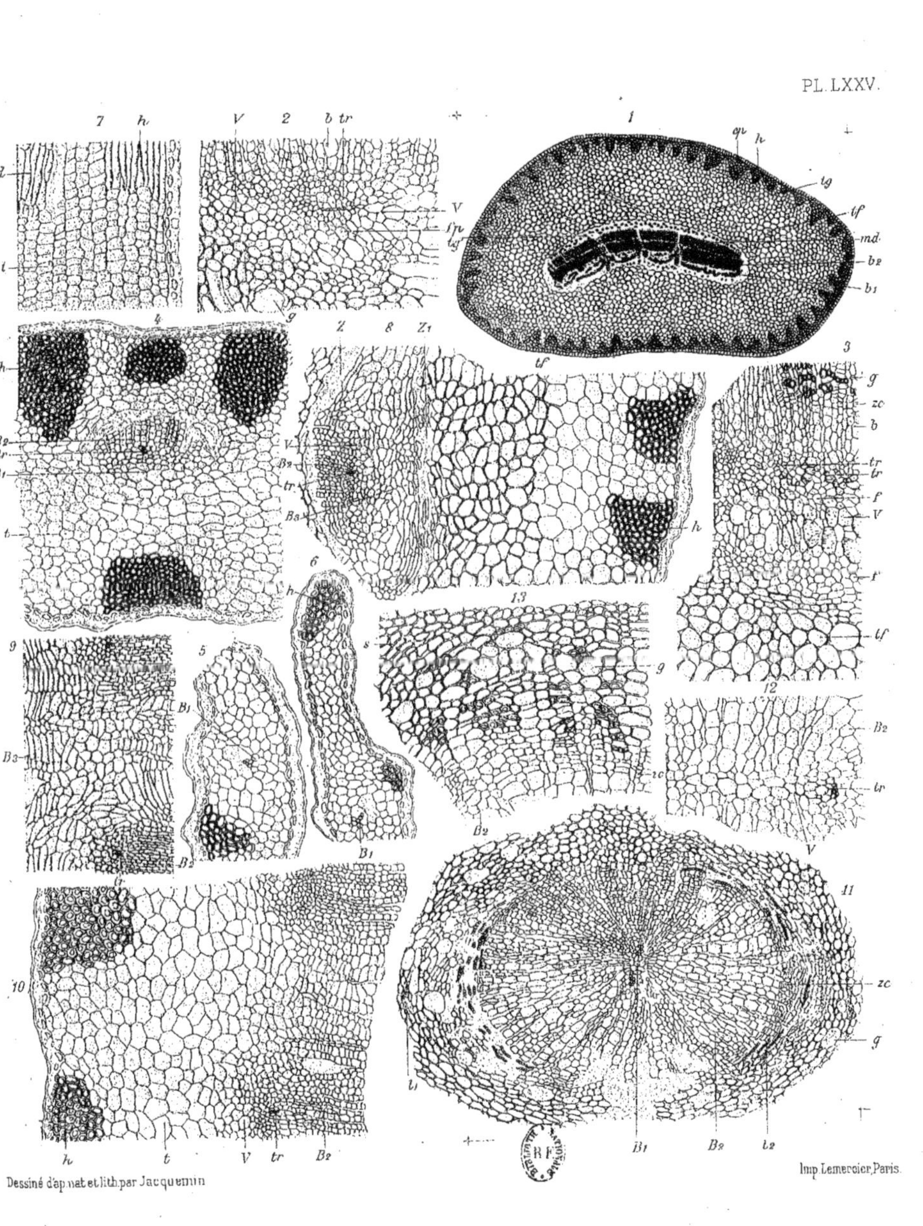

Dessiné d'ap. nat. et lith. par Jacquemin

Imp. Lemercier, Paris.

PLANCHE LXXVI.

IMPRIMERIE NATIONALE.

PLANCHE LXXVI.

EXPLICATION DES FIGURES.

Fig. 1. — Rameau de *Hapaloxylon Rochei*, B. R. : *f*, cicatrices laissées par la chute des feuilles; *r*, *r*, ramules.

Fig. 2. — Section transversale d'une portion du rameau précédent, grossie vingt fois : *m*, moelle; *a*, cylindre peu épais formé de trachées et de trachéides ponctuées; *b*, parenchyme ligneux; *c*, zone cambiale; *l*, assise libérienne; *ec*, zone parenchymateuse de l'écorce; *g*, canaux gommeux; *s*, couche subéreuse.

Fig. 3. — Les mêmes lettres désignent les mêmes parties : *r*, rayons cellulaires ligneux; *c*, zone cambiale; *cg*, tubes grillagés à cribles irréguliers; *p*, parenchyme cortical; *g*, réservoir à gomme; *s*, liège.

Fig. 4. — Coupe transversale d'une portion du parenchyme ligneux : *r*, rayon cellulaire ligneux.

Fig. 5. — Coupe transversale d'une partie de la région libérienne : *cg*, tubes grillagés; *cp*, cellules parenchymateuses libériennes séparant les cercles concentriques de tubes grillagés.

Fig. 6. — Coupe radiale faite dans le cylindre de parenchyme ligneux : *b*, cellules de parenchyme disposées en lignes radiales régulières; *r*, rayon cellulaire ligneux.

Fig. 7. — Coupe tangentielle de quelques cellules du parenchyme cortical, dans l'intérieur desquelles se trouvent des granulations inégales et arrondies.

Fig. 8. — Portion de la région libérienne plus grossie, montrant des tubes grillagés *cg*; les cribles ont des formes variables, triangulaire, linéaire, bifurquée, rectangulaire; on peut distinguer les perforations des cribles.

Champs situés près du domaine des Loges (environs d'Autun).

PL. LXXVI

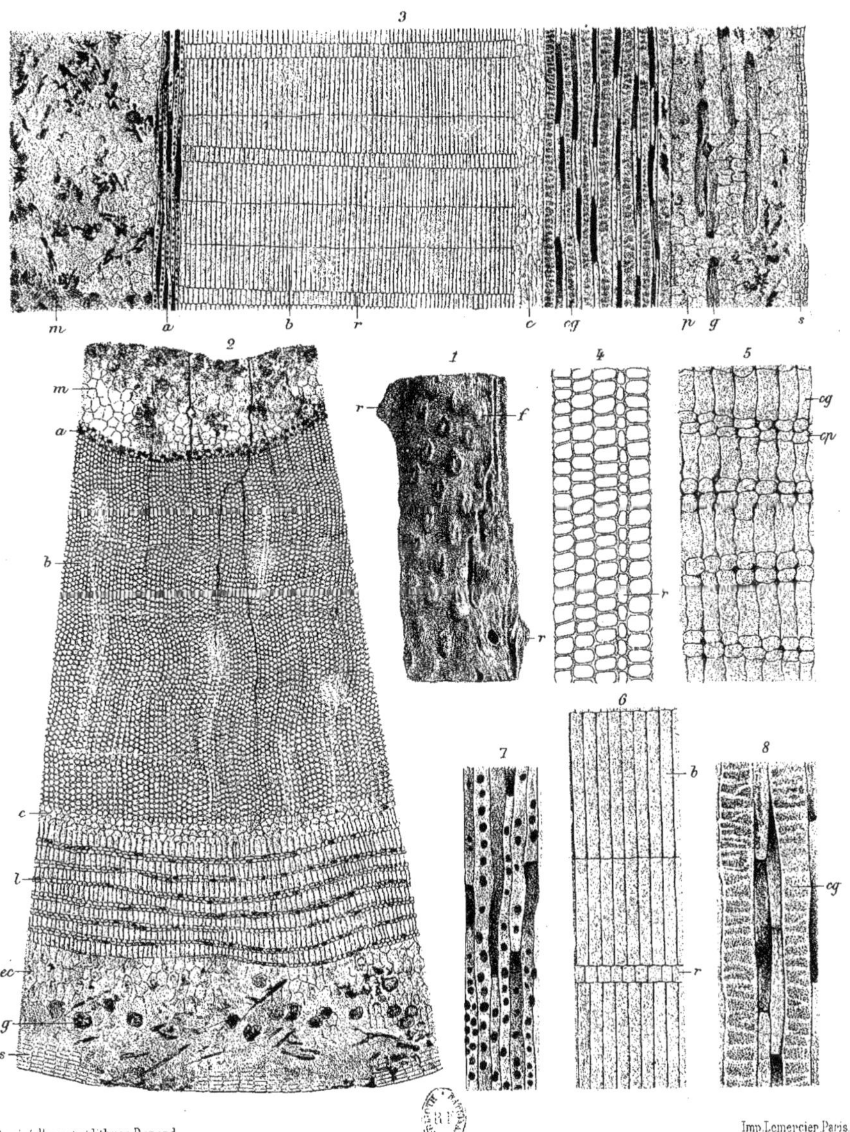

Dessiné d'ap. nat. et lith. par Benard.

Imp. Lemercier, Paris.

PLANCHE LXXVII.

PLANCHE LXXVII.

EXPLICATION DES FIGURES.

FIG. 1. — Section transversale d'une tige de *Cordaixylon permiense*, B. R. : *a*, cylindre ligneux formé de trachéides ponctuées disposées en séries rayonnantes; *b*, écorce; *r*, rameau traversant l'écorce et se séparant de la tige; *m*, *m'*, moelle divisée en deux cylindres concentriques.

FIG. 2. — Portion de tige vue sur le côté, montrant les nodosités superficielles produites par les cicatrices d'insertion *c* de feuilles placées en spirale.

FIG. 3. — Coupe longitudinale passant par l'axe de la tige : *a*, cylindre ligneux; *b*, écorce; *m*, *m'*, les deux portions de la moelle colorées différemment.

FIG. 4. — Section transversale d'un rameau : *m*, moelle; *a*, cylindre ligneux.

FIG. 5. — Coupe longitudinale d'une portion du cylindre ligneux : *m*, moelle; *a*, portion interne du cylindre ligneux composée de bois primaire où l'on distingue des trachées déroulables et des trachéides rayées; *a'*, bois secondaire formé de trachéides ponctuées, les ponctuations aréolées sont disposées en quinconce en trois à quatre rangées sur leurs parois. Les rayons cellulaires ligneux sont formés de cellules rectangulaires allongées radialement et de plusieurs rangées en épaisseur.

FIG. 6. — Portion interne de la moelle *m*, formée de cellules irrégulières, polyédriques, à parois minces, et séparée de la partie plus extérieure *m'* par une couche continue de cellules plus hautes que larges, de dimensions plus petites, qui découpe ainsi dans la moelle deux cylindres concentriques.

FIG. 7. — Un tube gommeux pris dans l'écorce.

FIG. 8. — Quelques tubes grillagés pris dans le liber.

Champ des Espargeolles, près Autun.

FIG. 9. — Section transversale d'un fragment de *Retinodendron Rigolloti*, B. R. : *l*, liber; *b*, bois; *i*, gaines de cellules sclérifiées.

FIG. 10. — Section transversale d'une portion de bois et de liber : *a*, trachéides ligneuses disposées sur quatre à six files radiales; *d*, rayons cellulaires ligneux; *c*, zone cambiale mal conservée; *l*, liber composé de parenchyme mou, de cellules grillagées et de tubes résineux. Les tubes résineux et les cellules sécrétrices qui les entourent sont à sections rectangulaires; ils forment des lignes concentriques très régulières *g*, séparées par des cellules parenchymateuses *p*.

FIG. 11. — Section radiale d'une portion du cylindre ligneux : *a*, trachéides ponctuées à plusieurs rangées de ponctuations aréolées; *d*, rayons cellulaires ligneux.

FIG. 12. — Coupe longitudinale tangentielle, mêmes lettres que pour la Figure 11.

FIG. 13. — Coupe transversale prise en *i*, Figure 9, montrant les bandes concentriques de grosses cellules sclérifiées *g'*, *g''*, qui séparent les tubes gommeux *g* dans deux régions différentes du liber. Le tissu parenchymateux n'a pas été conservé, ou n'existait pas.

FIG. 14. — Coupe longitudinale radiale passant par une série de tubes et de cellules résineux : *g*, tube résineux et cellules secrétrices qui l'environnent; *p*, parenchyme séparant les lignes concentriques de canaux résineux; *g''*, cellules à parois sclérifiées à sections rectangulaires, dont la cavité est très souvent remplie d'une matière noire *g'*, *g''*, Figure 13, analogue à celle qui se trouve dans les canaux résineux. Ces cellules forment deux cercles concentriques séparant les canaux en trois couches distinctes.

Communaux de Saint-Martin, près Autun.

PL. LXXVII

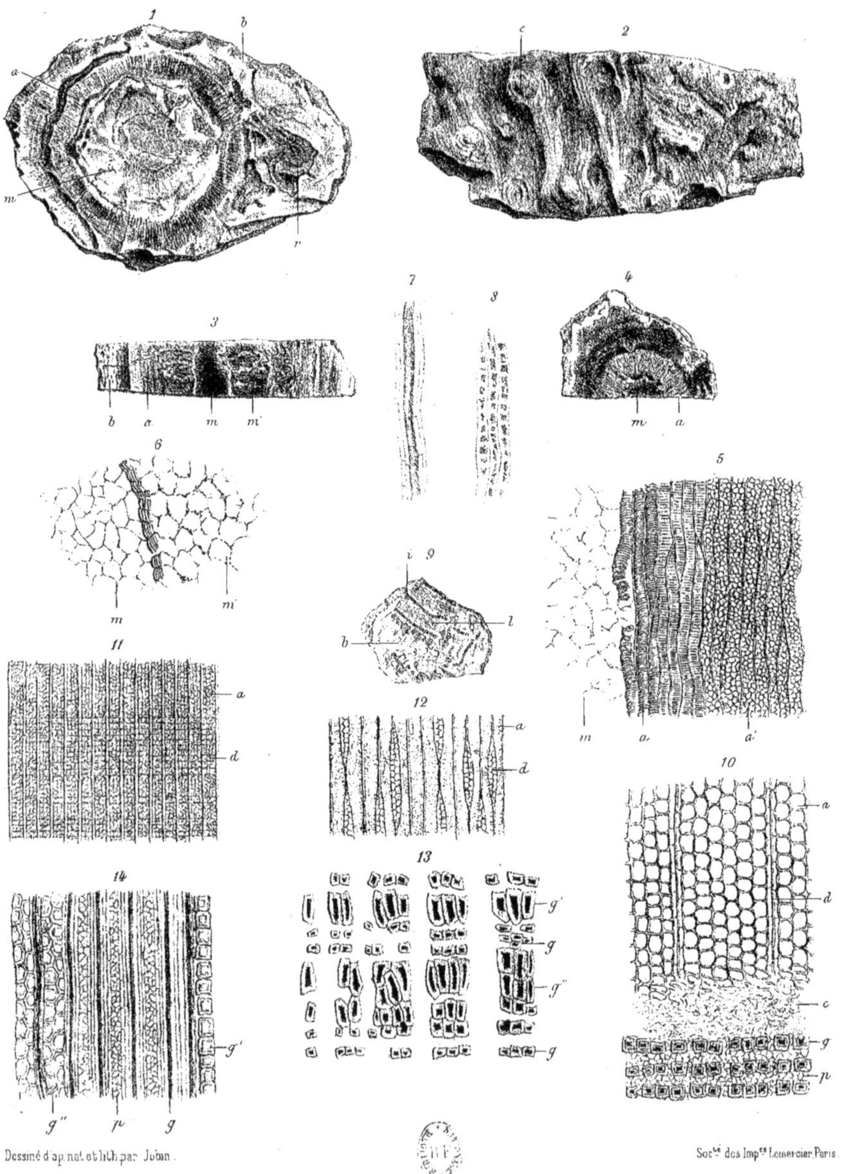

Dessiné d'ap. nat. et lith. par Jobin.

Soc^té des Imp^es Lemercier, Paris.

PLANCHE LXXVIII.

PLANCHE LXXVIII.

EXPLICATION DES FIGURES.

Walchia frondosa. B. Renault. — Un certain nombre de ramules sont terminés par de petits bourgeons simulant une graine. — Millery, près Autun.

PL. LXXVIII

1 a

Dessiné d'ap.nat.et lith.par Sohier.

Imp. Lemercier, Paris

PLANCHE LXXIX.

PLANCHE LXXIX.

EXPLICATION DES FIGURES.

Fig. 1. — **Walchia piniformis.** Schlotheim (sp.). — Échantillon fructifié : à la base de l'échantillon, à gauche de la figure, on voit nettement trois ramules terminés par des épis femelles encore garnis de graines. — Lally, près Autun.

Fig. 2 et 3. — Jeunes feuilles de *Dicranophyllum*.

Dessiné d'ap.nat.et lith.par Sohier

Imp. Lemercier, Paris.

PLANCHE LXXX.

IMPRIMERIE NATIONALE.

PLANCHE LXXX.

EXPLICATION DES FIGURES.

FIG. 1. — **Walchia imbricata.** SCHIMPER. — Terrain permien de La Charmoye, près Autun.

FIG. 2. — **Walchia fertilis.** B. RENAULT. — Échantillon fructifié : les ramules sont presque tous terminés par des épis mâles. — Lally, près Autun.

PL. LXXX.

1

2

Dessiné d'ap.nat.et lith.par Solier

Imp. Lemercier, Paris

PLANCHE LXXXI.

PLANCHE LXXXI.

EXPLICATION DES FIGURES.

Fig. 1. — **Sphenozamites Rochei.** B. Renault. — Portion de fronde comprenant un rachis épais sur lequel sont insérées dix-huit pinnules plus ou moins complètes; quelques-unes, à gauche de la figure, ont été détachées. — Lally. (Collection Roche.)

Fig. 2. — **Cordaicladus approximatus.** B. Renault. — Les cicatrices sont presque contiguës.

Fig. 3. — **Artisia approximata.** Lindley et Hutton.

Fig. 4. — **Antholithes gracilis.** B. Renault, variété.

Fig. 5. — Rameau de *Dicranophyllum gallicum*, Grand'Eury. — Mont-Pelé, près Sully.

Fig. 6. — Rameau de *Dicranophyllum gallicum* encore garni d'un certain nombre de feuilles. — Mont-Pelé.

PL. LXXXI.

2 3 1

6

5 4

Dessiné d'ap. nat. et lith. par Jacquemin

Imp. Lemercier, Paris.

PLANCHE LXXXII.

PLANCHE LXXXII.

EXPLICATION DES FIGURES.

Fig. 1. — **Pinites permiensis.** B. Renault. — Fragment de rameau feuillé. Cette espèce est assez fréquente dans les schistes de Margennes et des Thélots.

Fig. 2. — **Trichopitys Milleryensis.** B. Renault. — Schistes bitumineux de Millery.

Fig. 3. — **Pecopteris** cf. **pennæformis.** Brongniart. — Échantillon silicifié. — Communaux de Dracy-Saint-Loup.

Fig. 4. — Fragment de penne, grossi deux fois. Entre les nervures on distingue les sporanges *sp* creusés dans le parenchyme des pinnules.

Fig. 5. — Extrémité de penne, grossie quatre fois, du même échantillon.

Fig. 6. — Coupe transversale d'une pinnule fertile de *Pecopteris* (*Asterotheca*) provenant d'Esnost, près Autun.

Fig. 7. — Fragment de feuille fertile d'*Ophioglossites antiqua*, B. R. : *h*, houille laissée par le tissu épais du limbe; *sp*, sporanges creusés dans le parenchyme; *t*, empreinte des côtes de la feuille.

Fig. 8. — Contre-empreinte du même échantillon. À la partie supérieure on voit les empreintes des sporanges *sp*.

Fig. 9. — Sporanges, grossis deux fois : les loges sont incluses dans le parenchyme, et les spores *s*, qui ont une teinte rouge orangé, pouvaient s'échapper par une fente dirigée horizontalement suivant la longueur du sporange.

PL. LXXXII.

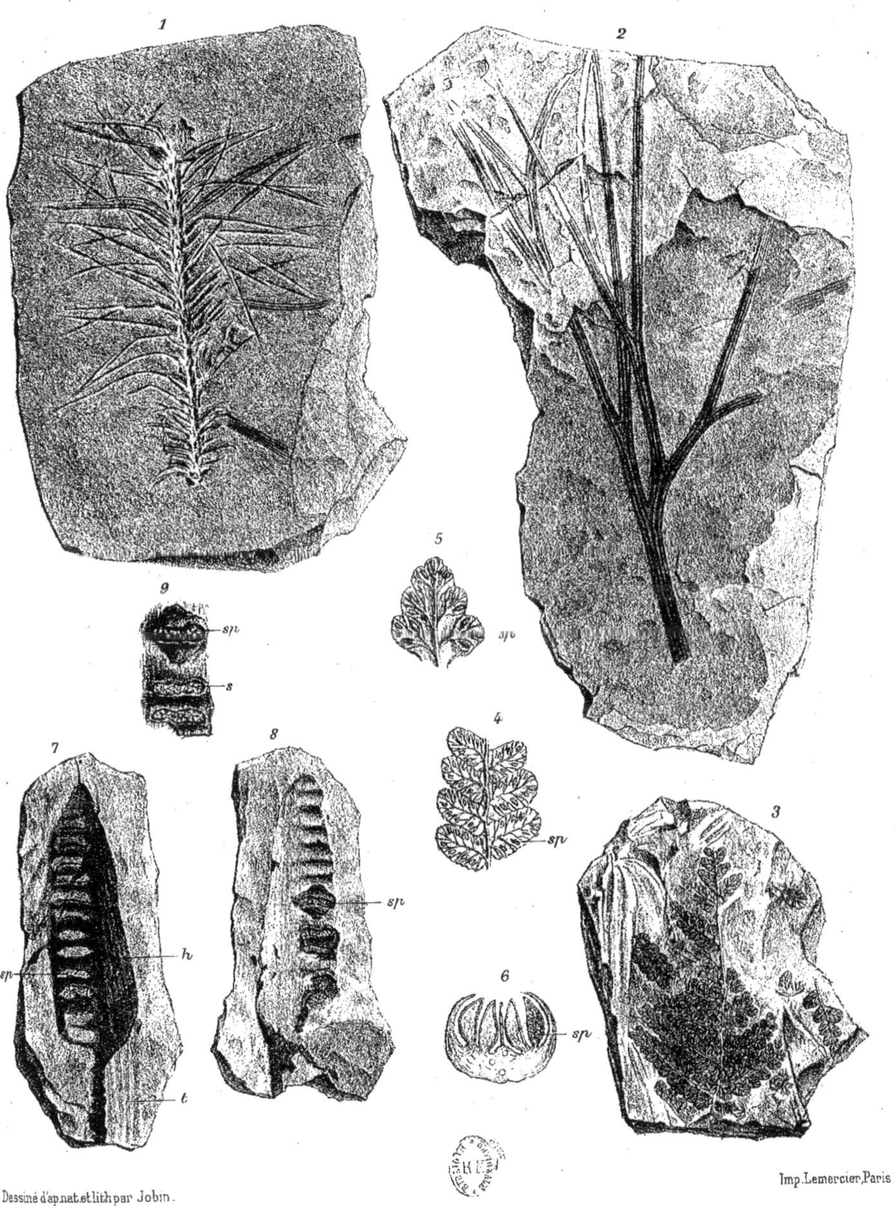

Dessiné d'ap.nat.et lith par Jobin.

Imp. Lemercier, Paris

PLANCHE LXXXIII.

PLANCHE LXXXIII.

EXPLICATION DES FIGURES.

Fig. 1. — **Pachytesta incrassata.** Brongniart.

Fig. 2. — Empreinte laissée par le *Pachytesta* représenté Figure 3.

Fig. 3. — **Pachytesta incrassata.** Brongniart. — On distingue à la surface les nombreux reliefs formés par les cordons vasculaires du *testa*.

Fig. 4. — Coupe transversale d'une graine silicifiée de *Pach. gigantea* de Saint-Étienne : *n*, nucelle; *t*, *testa* de la graine divisé en trois segments.

Fig. 5. — Portion de coupe transversale du *testa* et du nucelle de *P. gigantea* : *f*, sac embryonnaire contre la surface extérieure duquel se trouvent de nombreux faisceaux vasculaires; *n*, membrane épidermique du nucelle formant deux boucles se rattachant au *testa*; *v*, faisceaux vasculaires du *testa*; *v'*, faisceaux vasculaires du *testa*, mais disposés en une couronne plus extérieure.

Fig. 6. — **Pachytesta incrassata.** Brongniart. — Coupe longitudinale passant par le micropyle : *t*, *testa*; *m*, canal micropylaire du *testa*; *n*, nucelle; *p*, canal micropylaire du nucelle rempli de grains de pollen.

Fig. 7. — **Pachytesta incrassata.** Brongniart. — Coupe longitudinale passant par la chalaze : *ch*, faisceau chalazien; *v'*, faisceaux vasculaires formant la première couronne la plus intérieure du *testa*; *v*, faisceaux vasculaires composant la seconde couronne; *o*, faisceau chalazien produisant, en s'épanouissant en dedans du nucelle *n*, mais au-dessous du sac embryonnaire, une cupule vasculaire épaisse.

Fig. 8. — **Pachytesta incrassata.** Brongniart. — Coupe longitudinale passant par une partie de la région chalazienne : *t*, *testa*; *n*, épiderme du nucelle; *s*, sac embryonnaire; *f*, faisceau vasculaire venant de la chalaze et s'élevant le long du sac embryonnaire; *u*, région occupée par un tissu lacuneux, représenté plus grossi sur la Figure 10.

Fig. 9. — Coupe transversale du *testa* passant par une des trois sutures : *n'*, lames cellulaires partant de la région interne du *testa* et allant se rattacher au nucelle.

Fig. 10. — Tissu lacuneux pris en *u* de la Figure 8.

PL. LXXXIII.

Dessiné d'ap.nat.et lith.par Jacquemin

Imp.Lemercier,Paris.

PLANCHE LXXXIV.

IMPRIMERIE NATIONALE.

PLANCHE LXXXIV.

EXPLICATION DES FIGURES.

Fig. 1. — **Pachytesta gigantea.** Brongniart. — Coupe transversale faite à la partie supérieure de la graine : *n*, nucelle d'où partent douze branches *l*, qui, après s'être réunies deux à deux pour former des sortes de loges aériennes, rejoignent par paires le *testa* en se soudant de chaque côté des trois lignes de déhiscence.

Fig. 2. — Coupe transversale passant un peu au-dessus de la chalaze : *t*, *testa* avec ses deux lignes concentriques *v*, *v'*, de faisceaux vasculaires; *r*, tissu du nucelle; *o*, cupule vasculaire enveloppant la base du sac embryonnaire; *u*, tissu du sac embryonnaire.

Fig. 3. — **Carpolithes sulcatus.** Presl.

Fig. 4. — Épiderme encore visible sur la houille du *testa*.

Fig. 5. — Section longitudinale d'un *Colpospermum sulcatum*, B. R., silicifié, de Grand-Croix près Saint-Étienne : *t*, *testa*; *n*, nucelle; *s*, sac embryonnaire; dans la cavité de la chambre pollinique se trouvent un certain nombre de grains de pollen.

Fig. 6. — Section longitudinale passant par la chalaze : *ch*, faisceau chalazien montant à l'intérieur du nucelle; *s*, sac embryonnaire; *t*, *testa*; à gauche de la figure on distingue l'épiderme formé de cellules prismatiques hexagonales.

Fig. 7. — Coupe tangentielle montrant les lamelles partant des côtes principales et s'anastomosant pour former un réseau irrégulier.

Fig. 8. — Section transversale d'un *Colpospermum*; on voit les grosses côtes en forme de boucles arrondies et les lamelles qui en partent et s'anastomosent; *n*, nucelle; *sa*, lambeaux d'épiderme.

Fig. 9. — Section faite dans la région médiane d'une autre espèce du même genre, à côtes plus nombreuses : *t*, *testa*; *n*, nucelle; *s*, sac embryonnaire.

Fig. 10. — Section suivant une des lames en relief du testa : *t*, cellules prismatiques sclérifiées se recouvrant sur plusieurs rangs en épaisseur et entrecroisées; *ep*, épiderme du *sarcotesta* formé de cellules prismatiques hexagonales. Le *sarcotesta* a disparu.

PL. LXXXIV.

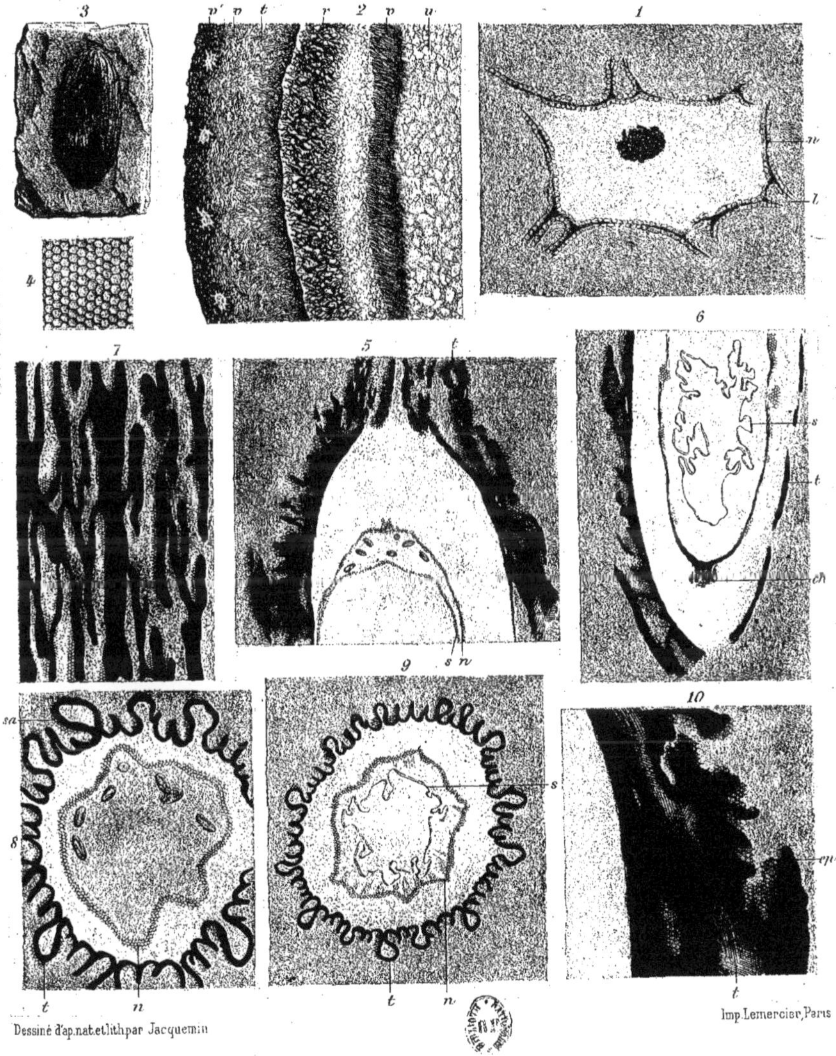

Dessiné d'ap.nat.et lith.par Jacquemin

Imp. Lemercier, Paris

PLANCHE LXXXV.

PLANCHE LXXXV.

EXPLICATION DES FIGURES.

Fig. 1. — Section longitudinale passant par le micropyle d'un *Cordaicarpus augustodunensis*, Brongniart : *mi*, canal micropylaire du nucelle; *cp*, chambre pollinique avec grains de pollen; *t*, *endotesta;* *n*, nucelle; *s*, sac embryonnaire; *p*, endosperme; *co*, corpuscules.

Fig. 2. — Section longitudinale passant par la chalaze d'un *Cordaicarpus augustodunensis :* *ch*, faisceau chalazien; *v'*, cordons vasculaires partant du faisceau chalazien et s'élevant dans le plan principal de la graine; *v''*, cordons vasculaires formant cupule *au-dessous* du nucelle et s'élevant à mi-hauteur de la graine; *n*, nucelle; *s*, sac embryonnaire.

Fig. 3. — Coupe transversale d'une graine de la même espèce; on voit l'*endotesta*, *en*, et une portion du *sarcotesta*, *sa*.

Fig. 4. — Coupe tangentielle de l'*endotesta :* *en*, *endotesta* avec ses mamelons et ses crêtes saillantes; *sa*, *sarcotesta* pénétrant dans les sinus de l'*endotesta*.

Fig. 5 et 6. — **Cordaicarpus ellipticus.** B. Renault. — Dracy-Saint-Loup.

Fig. 7. — **Cordaicarpus elongatus.** B. Renault. — Dracy-Saint-Loup.

Fig. 8. — **Hexagonocarpus rotundus.** B. Renault.

Fig. 9. — **Cordaicarpus corrugatus.** B. Renault.

Fig. 10 et 11. — **Trigonocarpus Nœggerathi.** Sternberg, var.

Fig. 12. — **Cordaicarpus Eiselianus.** Geinitz (sp.).

Fig. 13. — **Cordaicarpus discoideus.** B. Renault.

Fig. 14. — **Colpospermum inflexum.** B. Renault.

Fig. 15. — **Trigonocarpus Nœggerathi.** Sternberg.

Fig. 16. — **Cordaicarpus socialis.** Grand'Eury.

PL. LXXXV.

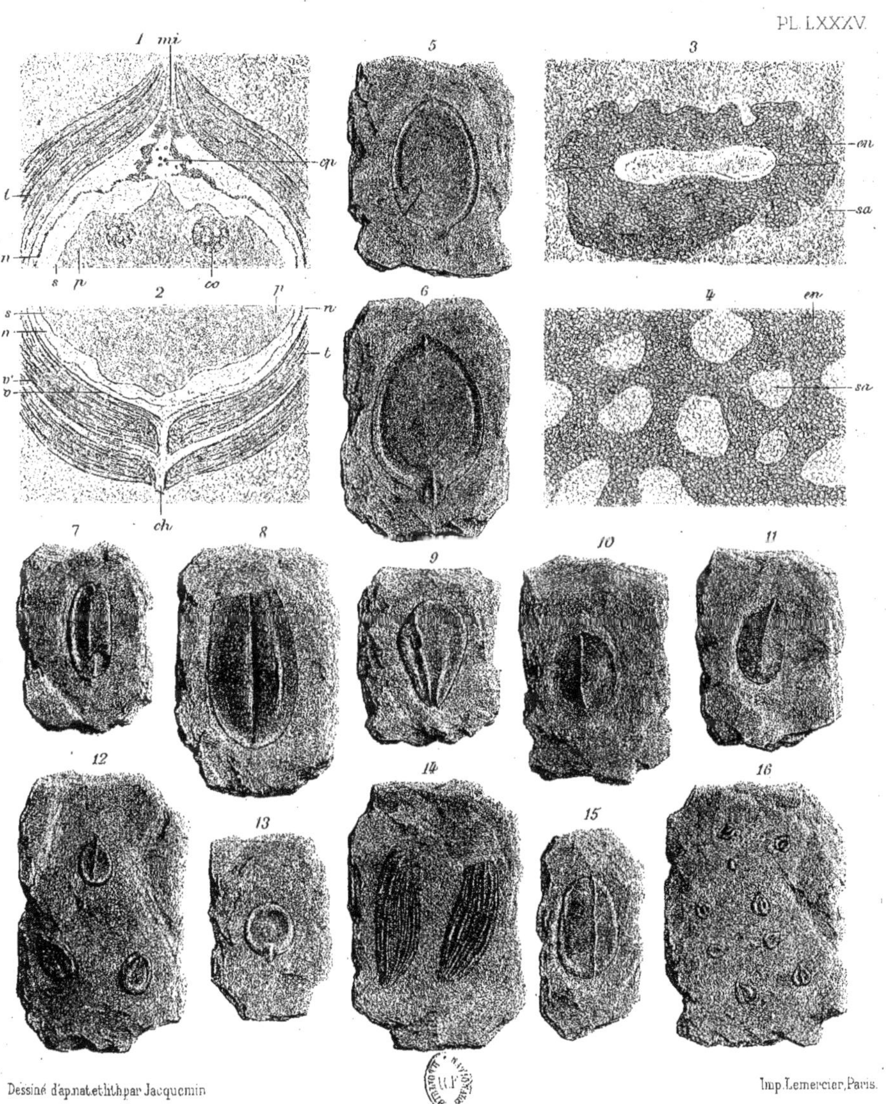

Dessiné d'ap.nat.et lith.par Jacquemin

Imp. Lemercier, Paris.

PLANCHE LXXXVI.

PLANCHE LXXXVI.

EXPLICATION DES FIGURES.

Fig. 1. — **Rhabdocarpus astrocaryoides.** Grand'Eury.

Fig. 2, 3 et 4. — **Rhabdocarpus rostratus.** B. Renault.

Fig. 5. — **Rhabdocarpus mucronatus.** B. Renault.

Fig. 6 et 7. — **Rhabdocarpus conicus.** Brongniart.

Fig. 8, 9 et 10. — **Tripterospermum mucronatum.** B. Renault.

Fig. 11. — **Rhabdocarpus mucronatus.** B. Renault.

Fig. 12 et 13. — **Cordaiopsis ellipticus.** B. Renault.

Fig. 14 et 15. — **Cordaiopsis elongatus.** B. Renault.

Fig. 16. — **Cordaites lingulatus.** Grand'Eury.

Fig. 17. — **Dorycordaites affinis.** Grand'Eury.

Fig. 18. — **Poacordaites** cf. **linearis.** Grand'Eury.

Fig. 19. — **Pecopteris** cf. **unita.** Brongniart.

1 2 3 4

7 6 5 8 9

11 10

12 14 19

16 17 18

15 13

Dessiné d'ap.nat.et lith.par Jacquemin

Imp. Lemercier, Paris.

PLANCHE LXXXVII.

PLANCHE LXXXVII.

EXPLICATION DES FIGURES.

Fig. 1 et 2. — **Codonospermum anomalum.** Brongniart. — Dracy-Saint-Loup.

Fig. 3. — **Codonospermum anomalum.** Brongniart. — Échantillon silicifié de Saint-Étienne, coupé longitudinalement. La partie supérieure de la figure intéresse la graine proprement dite, et on voit l'appareil disséminateur aérien au bas de la figure.

Fig. 4 et 5. — Coupe verticale de deux moitiés de graine de la même espèce.

Fig. 6. — Région micropylaire et chambre pollinique : *t*, testa; *n*, nucelle renfermant en haut la chambre pollinique.

Fig. 7. — Autre échantillon montrant la partie supérieure de la graine et une partie de la cloche aérienne : *ca*, appareil disséminateur aérien; *v*, faisceau vasculaire chalazien traversant la cloche pour se rendre à la graine en suivant l'axe d'une gaine protectrice.

Fig. 8. — Portion de graine de la même espèce : *n*, nucelle; *ch*, faisceau chalazien; *ca*, cloche aérienne.

Fig. 9. — Coupe transversale tangente à l'appareil disséminateur près de la chalaze; *o*, canal de la cloche aérienne.

Fig. 10. — Autre coupe tangente au même point : *ca*, arcs soutenant les parois de la cloche; *o*, région par où passe le canal chalazien.

Fig. 11. — Figure schématique d'un *Codonospermum* : *f*, faisceaux vasculaires, au nombre de seize, qui vont de la chalaze à la chambre pollinique en entourant le sac embryonnaire; *ca*, arcs fibreux renforçant les parois de la cloche et généralement au nombre de huit.

Fig. 12. — **Codonospermum olivæforme.** B. Renault. — Coupe longitudinale passant par la graine proprement dite et par l'appareil disséminateur : *nu*, nucelle; *v*, faisceau vasculaire traversant la cloche inférieure pour se rendre à la base de la graine. — Saint-Étienne.

Fig. 13. — Coupe longitudinale d'une graine de la même espèce. À la partie supérieure on voit le nucelle, avec la chambre pollinique contenant des grains de pollen : *en*, *endotesta*; *sa*, *sarcotesta*.

Fig. 14. — Coupe transversale passant par la graine proprement dite : *t*, *endotesta*; *n*, nucelle; *s*, faisceaux vasculaires au nombre de seize montant de la chalaze à la chambre pollinique, appliqués contre le sac embryonnaire.

Fig. 15. — Portion de l'*endotesta* formée de couches superposées de longues cellules prismatiques sclérifiées; les cellules se croisent d'une couche à l'autre.

PL. LXXXVII.

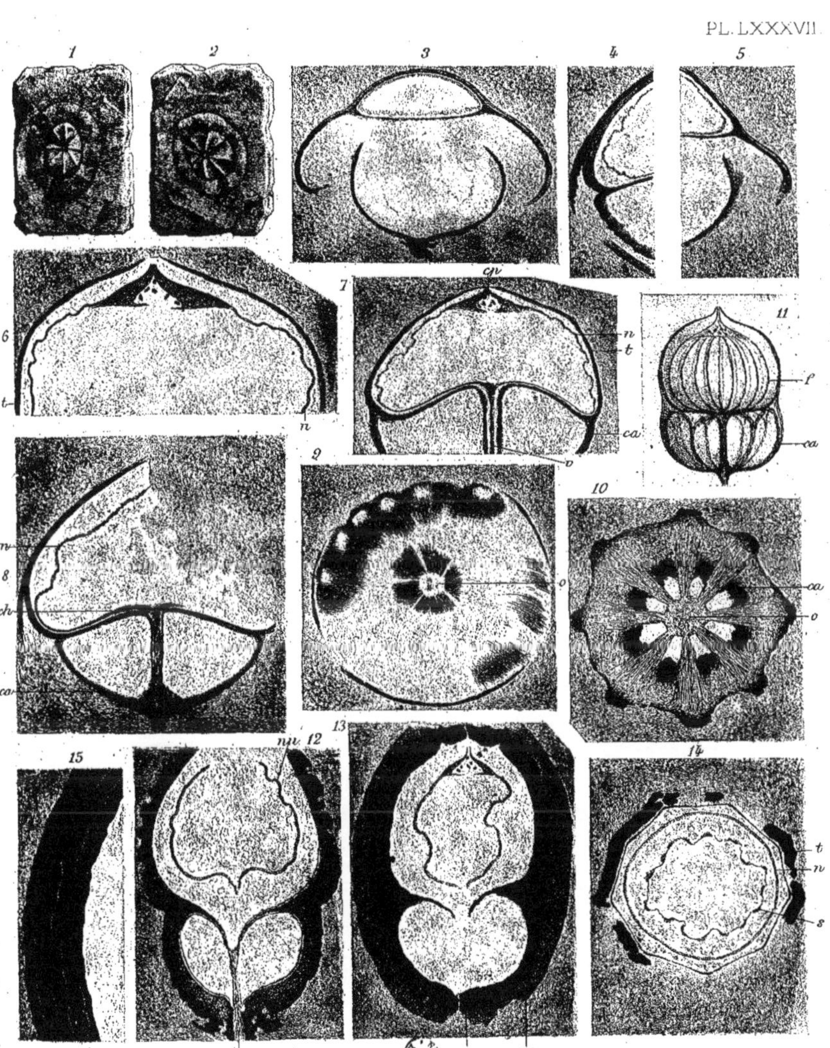

Dessiné d'ap. nat. et lith. par Jacquemin.

Imp. Lemercier, Paris

PLANCHE LXXXVIII.

IMPRIMERIE NATIONALE.

PLANCHE LXXXVIII.

EXPLICATION DES FIGURES.

Fig. 1. — Bloc de Boghead montrant à sa surface plusieurs concrétions siliceuses *a*, *a*, réduit à 1/4 gr. nat.; *b*, mince couche d'argile recouvrant les concrétions, mais que l'on a enlevée en partie pour mettre à nu leur bord supérieur.

Fig. 2. — Section horizontale ou parallèle aux strates du Boghead; les thalles de *Pila* ont généralement une section elliptique, leur forme primitive était sensiblement sphérique, le changement de forme est dû, d'une part, à un étirement de la masse dans le sens horizontal et à une compression de haut en bas, d'autre part au mode de reproduction qui se faisait par voie de division.

Fig. 3. — Section verticale ou perpendiculaire aux bancs, montrant les lits de *Pila* légèrement aplatis par la compression, *a*, et la matière brune amorphe qui sépare les lits ou entoure les thalles isolés.

Fig. 4. — Quelques thalles de *Pila bibractensis*, B. R. et Eg. B., grossis cent dix fois : *a*, partie centrale, formée de cellules polyédriques isodiamétrales; *b*, région périphérique, composée de cellules en forme de troncs de pyramides; *c*, un thalle en voie de se diviser en deux parties.

Fig. 5. — Une concrétion siliceuse de moyenne grandeur : *a*, fente diamétrale et placée dans un plan vertical, qui partage la concrétion en deux parties égales.

Fig. 6. — Une autre concrétion présentant deux fentes verticales *a*, *b*, qui se coupent.

Fig. 7. — Section transversale d'une concrétion dilatée latéralement, munie de sa fente médiane.

Fig. 8. — Section transversale d'une autre concrétion qui n'a pas subi d'expansion latérale, traversée également par une fente médiane.

Fig. 9. — Section transversale d'une concrétion engagée dans le Boghead : *a*, *b*, *c*, *d*, *e*, couches minces d'argile ferrugineuse existant à différentes hauteurs entre les strates du Boghead; les couches *e* et *c* ont limité l'épaisseur du banc de Boghead dans lequel les fentes qui s'étaient produites par le retrait de la masse ont été remplies par les eaux siliceuses ayant formé les concrétions; *f*, concrétion siliceuse.

Fig. 10. — Thalle de *Pila* silicifié, non contracté par la houillification, pris dans l'intérieur des concrétions; les cellules montrent leur protoplasma plus ou moins contracté et renfermant un nucleus (?).

Fig. 10 *bis*. — Un thalle de *Pila* conservé par la silice, montrant à la partie centrale le thalle *a*, environné d'une couche de gélose *b* dans laquelle la silice a cristallisé sous forme d'aiguilles rayonnantes.

Fig. 11. — **Gomphosphæria aurantiaca.** — Algue gélatineuse vivante présentant quelque ressemblance avec les *Pila*, grossie deux cent cinquante fois.

Fig. 12. — **Gloioconis Borneti**, B. Renault. — Fragment de coupe grossi trois cents fois : *a*, thalle unicellulaire avec protoplasma remplissant complètement la cavité et présentant de fines granulations, quelques thalles sont en voie de division; *b*, gelée entourant l'algue : l'aspect radié qu'elle présente est dû aux cristaux de silice qui se sont formés dans sa masse et se sont disposés en forme de rayons autour du thalle; *c*, débris qui paraissent provenir d'un certain nombre de thalles de la colonie qui se sont dissociés.

PL. LXXXVIII

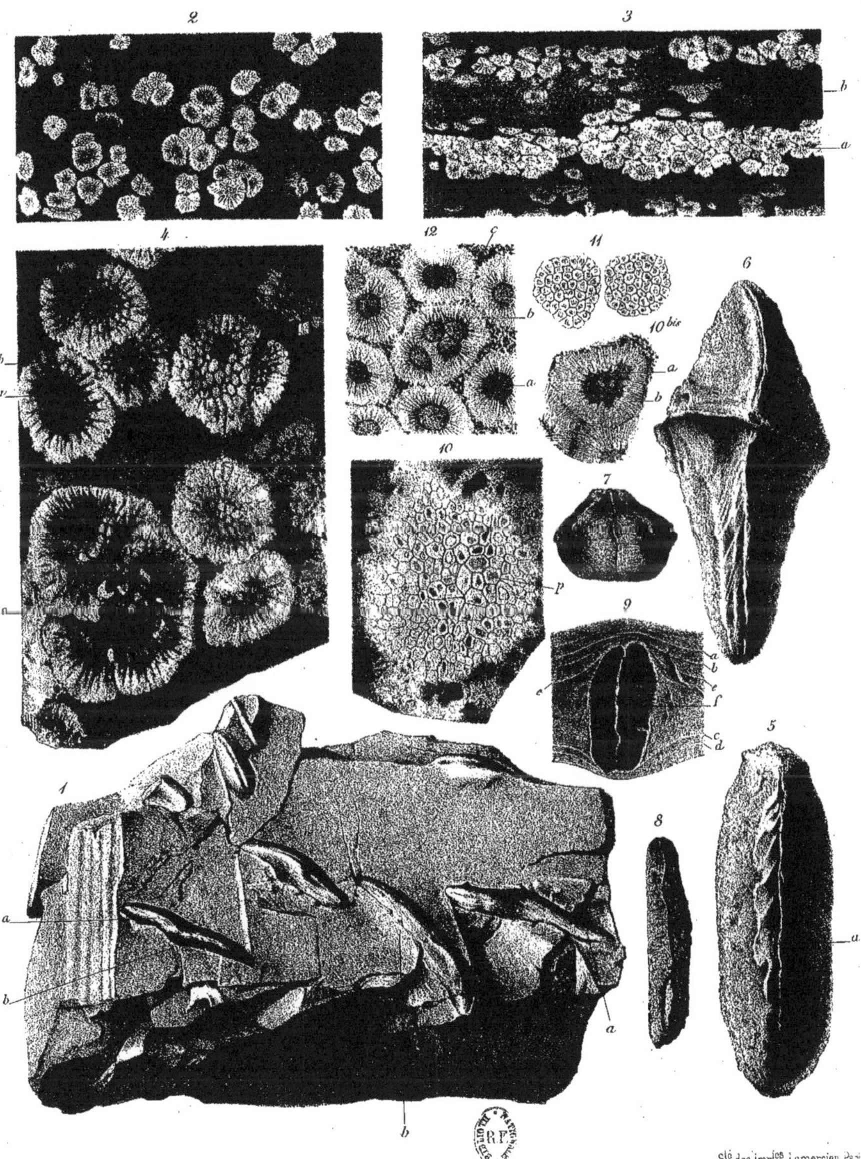

Dessiné et lith. par Millot

Sté des impies Lemercier, Paris.

PLANCHE LXXXIX.

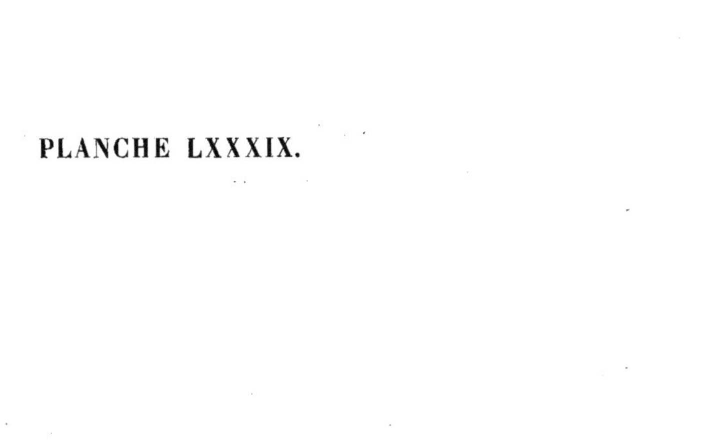

PLANCHE LXXXIX.

EXPLICATION DES FIGURES.

Fig. 1. — Grain de pollen, grossi cent quatre-vingt-dix fois : *a*, exine présentant une fine réticulation à la surface; *b*, intine divisée en un certain nombre de cellules.

Fig. 2. — Coprolithe montrant à sa partie antérieure (bas de la figure) les tours, successivement en retraite les uns par rapport aux autres, de la bande aplatie qui, en s'enroulant en spirale, lui a donné sa forme. — Lally, près Autun.

Fig. 3. — Autre coprolithe, de Muse, près Autun.

Fig. 4. — Coupe d'une écaille renfermée dans ce coprolithe, montrant en *a* les cellules osseuses avec leurs canalicules, en *b* des cellules plus petites analogues à celles de l'ivoire, enfin en *c* plusieurs assises d'émail; grossie quatre-vingt-dix fois.

Fig. 5. — Fragment d'écaille du même : *a*, cellules de l'ivoire; *b*, cellules osseuses.

Fig. 6. — Portion de coprolithe pétrifié renfermant des écailles de forme et de grandeur variables, grossie quatre-vingt-dix fois. — La Comaille, près Autun.

Fig. 7. — Portion d'écaille, grossie deux cent cinquante fois, montrant les différentes zones d'accroissement et les cellules osseuses avec leur cavité et les nombreux canalicules qui s'anastomosent en réseau.

Fig. 8. — Coupe transversale d'un coprolithe d'Igornay, montrant l'enroulement en spirale de la bande génératrice.

Fig. 9. — Coupe longitudinale du même.

Fig. 10. — Portion du même coprolithe, grossie quatre cents fois, montrant des Bactéries isolées ou groupées par deux ou trois en chapelet; quelques-unes sont en voie de division.

Fig. 11. — Productions vermiformes prises au centre du coprolithe et ayant l'aspect de vers intestinaux.

PL. LXXXIX

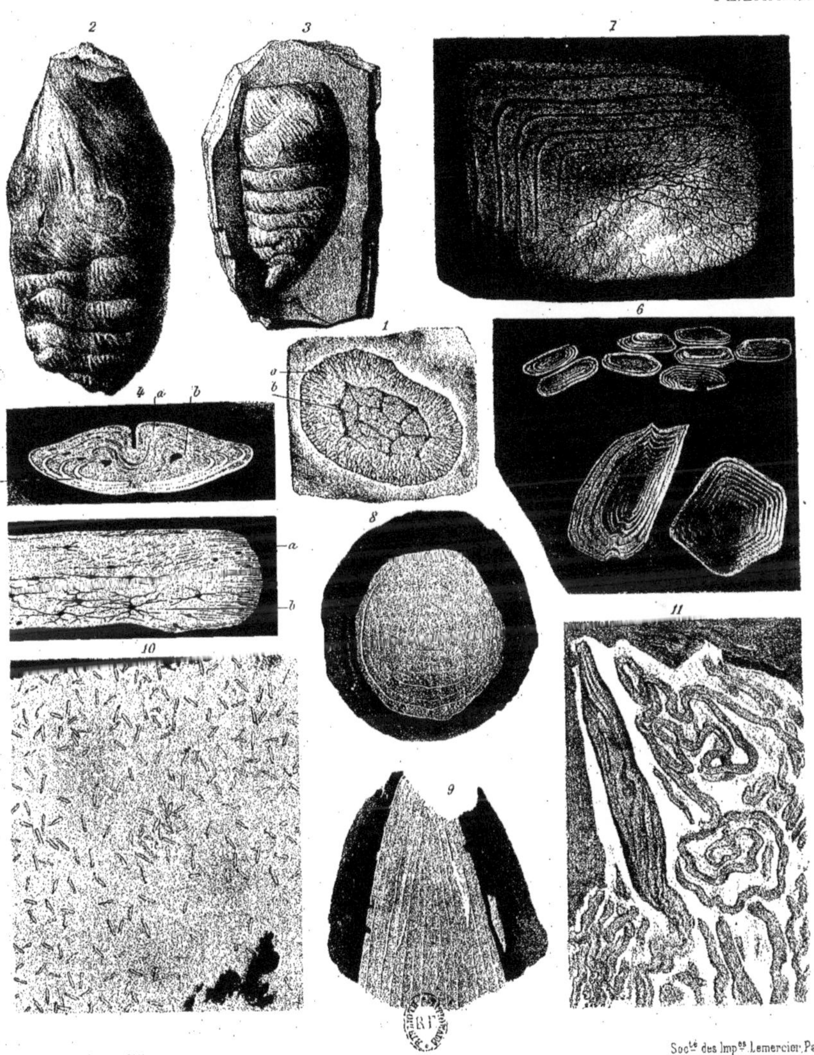

Dessiné d'ap. nat. et lith. par Millot

Socté des Impes Lemercier, Paris

www.ingramcontent.com/pod-product-compliance
Ingram Content Group UK Ltd.
Pitfield, Milton Keynes, MK11 3LW, UK
UKHW021104230726
13926UKWH00004B/1999

9 782014 435436